WAR & LOGISTICS

戦争とロジスティクス

石津朋之

ISHIZU TOMOYUKI

日本経済新聞出版

本書を故ウィリアムソン・マーレー博士に捧げる。

はじめに──「物流の2024年問題」に直面して

今日、「物流の2024年問題」が大きな話題となっている。時間外労働の上限規制の結果、トラックドライバーの労働時間が短くなることで、輸送能力が低下するのではとのリスク予測である。

そうしたなか、本書は軍事の領域におけるロジスティクスに焦点を絞り、物資の流れの過去、現在、さらには将来について、それぞれのテーマに沿って論じたものである。

「戦争のプロはロジスティクスを語り、戦争の素人は戦略を語る」と皮肉交じりに言われる。もちろん、この言葉には多分の誇張が含まれているものの、他方で、補給を含めたロジスティクスをめぐる問題が、戦いの勝利のために最も重要な側面の一つであるにもかかわらず、これに焦点を当て分析した書が少ないのは今日でも厳然たる事実であり、これは民間企業のロジスティクス問題にも当てはまるであろう。

もとより、軍事ロジスティクス──兵站《へいたん》というやや耳慣れない言葉も用いられる──の意味するところは広範にわたり、一般的にイメージされる「補給」という側面に留まるものではない。しかしながら、基本的に本書では、ロジスティクスという言葉を「補給」あるいは「物資の流れ（物流）」を意味するものとして用いることを、あらかじめ断っておきたい。

軍事の領域に限らず、今日、ロジスティクスをめぐっては問題が山積しているのが現状であろう。「物流の２０２４年問題」に加えて、例えば、コロナ禍での各国による輸送船（コンテナ船）の争奪戦、輸送船の不足による全般的な運搬量の低下――クリスマス商品が届かない――といった問題がメディアで話題に上った。また、サイバー攻撃により、名古屋港のコンテナ積み下ろし施設が稼働できなくなるとの報道もあった。

さらには、２０２２年に勃発したウクライナ戦争や台風に象徴される各種の自然災害によって、天然ガスや石油（ガソリン）不足、そしてこれら価格の高騰といった問題も記憶に新しい。加えて、こうした問題にはＳＤＧｓ（持続可能な開発目標）に象徴される環境問題が絡んでくるため、問題はより深刻になる。

もちろん、ＡＩ（人工知能）や各種のロボット、サイバー・セキュリティも、民間企業のロジスティクスや軍事ロジスティクスの領域に大きな影響を及ぼしつつある。

またウクライナ戦争では、仮に同国に対する軍事支援がなされても、そうした支援物資をいかに最前線まで移送するか、さらには、どうやってウクライナ軍兵士に対して新たな兵器の訓練を実施するか、といった難問にも直面している。

ロジスティクスは軍隊（自衛隊）の「ライフライン」である。だが、歴史を通じて軍隊の「尾《テイル》」をめぐる問題は、担当者を悩ませ続けてきた。実際、今日でも担当者は、この問題の解決に向けて日々模索している。

例えば、こうした問題に対して防衛省・自衛隊でも、陸・海・空の共同部隊としての「自衛隊海上輸送群」の創設が具体化しつつあり、そこでは、①輸送用船舶、②ヘリコプター、③（優先使用のための）民間船舶との契約、などが整備されるようである。また、民間企業と同様、ドローン（無人航空機）を活用した血液など必要物資の移送も試験中とされる。

なお、本書は軍事ロジスティクスに関して筆者がこれまでに発表してきた論考を一つにまとめたものである。また、「オムニバス」形式の書であるため、読者の皆さんにはどの講（章）から読み始めていただいても問題のない構成となっている。自身の関心を有するテーマだけを選んでもらっても構わない。それぞれの講には他と重複する記述も多いが、あえてそのまま残してある。加えて、本書では可能な限り平易な記述に努めた。そのため、あえて軍事専門用語を使っていない個所があるが、それはあまり戦争や軍事問題に詳しくない読者にも本書を読んでいただきたいからである。

もとより本書は、軍事の領域におけるロジスティクスをめぐる論考集であるが、筆者は、このなかで示された様々な見解に、民間企業のロジスティクス、さらには物流業界全般にも有益なものが含まれていると期待している。本書が、読者の皆さんがロジスティクスについて考えるための何らかのヒントを提供することができれば、筆者の望外の喜びである。

戦争とロジスティクス　目次

第1講

軍事ロジスティクスへの誘い

戦争とロジスティクス

WAR and LOGISTICS

戦争のプロはロジスティクスを語る

2022年2月下旬のロシア軍によるウクライナ侵攻以降、世界各国のメディアはその実相を詳細に伝えており、そうした報道のなかで、ロジスティクス、兵站、補給といったやや耳慣れない専門用語が見受けられるようになった。

そこで、この第1講（章）では軍事ロジスティクスとは何かについて分かりやすく説明してみたい。

イスラエルの歴史家マーチン・ファン・クレフェルトは、その主著『増補新版　補給戦――ヴァレンシュタインからパットンまでのロジスティクスの歴史』（中央公論新社、2022年）で、ロジスティクスをめぐる術《アート》を、軍隊を動かし、かつ軍隊に補給する実際的方法と定義した。端的に言えば、ロジスティクスをめぐる術《アート》とは、指揮下の兵士に対して、それなくしては兵士として活動できない一日当たり3000キロカロリーを補給できるか否かの問題である。彼はまた、戦争をめぐる問題の90%はロジスティクスに関係するとも述べている。

もとより、ロジスティクスという言葉が意味するところについては、論者によって見解は大きく異なるが、本書では、物資の「流れ《フロー》」――物流――を中心に考察を進めたい。

「はじめに」で述べたように、「戦争のプロはロジスティクスを語り、戦争の素人は戦略を語る」との格言がある。1991年の湾岸戦争や2003年のイラク戦争でもそうであったが、テレビなどメディアでは最前線の戦いの場面ばかりが話題にされ、アメリカ本土やヨーロッパなどから中東地域まで軍隊を移動させ兵士に糧食や水を提供し、必要な武器及び弾薬を運搬するという、戦いの基盤となるロジスティクスの側面はほとんど注目されなかった。だが、仮にロジスティクスが機能不全に陥れば、いかに世界最強のアメリカ軍や多国籍軍（有志連合軍）といえどもほとんど戦えないのである。

ロジスティクスの重要性

ロジスティクスの歴史を振り返ってみれば、例えば中世ヨーロッパの戦争では、基本的に侵攻した地域を「略奪」することによってのみ軍隊は維持され得た。だが、略奪を基礎とする中世のロジスティクスのあり方は、19世紀の新たな戦争を賄うには問題が多すぎた。その結果、この時期には組織管理上の変化が見られたが、その最も重要なものが、ロジスティクスという業務が正式に軍隊の中に組み込まれたことであり、こうした変化をイギリスの歴史家マイケル・ハワードは「管理革命」と表現した。この時期、現地調達を徹底することによって戦いの規模と範囲を劇的に変えたナポレオン・ボナパルトの戦争でさえ、ロジスティクスをめぐる問題がその戦略を強く規定したのである。

こうした略奪の歴史が1914年の第一次世界大戦を契機として消滅したのは、戦争が突如として「人道的」なものに変化したからではない。戦場での物資の消費量が膨大になった結果、もはや軍隊はその所要を現地調達あるいは徴発することが不可能になったからである。

ロジスティクスの重要性を一言で表現すると、古代から今日に至るまで戦争の様相は「戦略」よりも「ロジスティクスの限界」――兵站支援限界――によって規定されてきたとなろう。つまり、ロジスティクスこそ戦いの様相、そして用いられる戦略などを規定する大きな、時として最も大きな要因なのである。

戦略を策定する行為をあたかも真っ白なカンヴァスに絵を描くように捉える論者が、多数存在する。ビジネスの世界であれば経営者が大きな目標を掲げ、それに向かってトップダウンで戦略を下位の部署に落としていくとの発想である。なるほどこれは外部から見て理解しやすく、格好の良いものである。しかしながら、たとえ戦略家が地図を拡げてどれほど壮大な構想を練ったとしても、それを支える基盤――ロジスティクス――がなければ、所詮は白昼夢にすぎない。つまり、カンヴァスの大きさを規定するのがロジスティクスなのである。

実際、歴史を振り返ってみれば、戦いの場所や時期、規模を少なからず規定してきたのはロジスティクスの限界あるいは制約であったことが理解できる。湾岸戦争やイラク戦争で、とりわけアメリカ軍はいとも簡単に最前線まで兵士や物資を移送させたように見えるが、それが可能であったのは、同国軍が中東地域へと至るロジスティクスの線《ライン》――例えばシーレーン――を確保し、それを維持し得たからである。

もちろん、ロジスティクスの限界は時代とともに変化する。例えば、有名な古戦場の位置を地図で確かめてみれば、ほとんどが河川や運河の近くである事実に直ちに気がつくであろう。大量の兵士や物資を移送するには、昔は河川や運河に頼るしか方法がなかったからである。河川沿いにロジスティクス拠点を設けて、そこから行動可能な範囲内で戦ったのである。

鉄道とコンテナの活用

ロジスティクスの観点から近代の戦争の様相を変えた大きな転換点は、疑いなく鉄道の登場であった。大量の兵士や物資を絶え間なく内陸部へと送り込め、しかも最前線で負傷した兵士を迅速に後送し治療を施すことが可能になった。その後のトラックの登場――自動車化――によっても、やはり戦争の様相は変化した。

また、20世紀後半でその代表的な事例はコンテナである。コンテナ化、さらにはパレット化の結果、必要な物資の迅速かつ大量の移送が可能になった。「軍事ロジスティクスにおける革命」の一つと評価される所以である。

アメリカを中心として各国の軍隊でコンテナ――ISO（国際基準規格）コンテナ――が広く使用され始めたのは1980年代であり、前述の湾岸戦争では4万ものコンテナが用いられたという。だが、その半分は収納品を把握できず、現地で開梱し確認する作業が必要であった。その後のイラク戦争では、RFIDという電子タグの導入によってこの問題が解決された。

つまり今日では、コンテナそのものはもとより、そこに収納された個々の物資についても、その所在を正確かつリアルタイムで把握可能な態勢が整っている。ロジスティクスの「可視化」が実現したのである。なお、不定形の物資を移送する際はコンテナではなく、パレットを用いるのが一般的である。「箱」ではなく「板」に載せて移送するとの発想である。

ロジスティクスを制する者はビジネスを制する

　ビジネスの世界には「ロジスティクス4・0」という概念がある。これは、AI（人工知能）、IoT（モノのインターネット）、ロボティクスといった近年の新たな技術イノベーションとそれらの応用が、物流のあり方を根本的に変えつつあることを意味する。

　実際、こうした最先端技術の活用の結果、物流の「省人化」や「標準化」、さらには「装置産業化」が生じつつある。そして、こうした技術イノベーションの活用は、軍事ロジスティクスの領域でも大きな可能性を秘めている。

　民間企業であれ軍隊であれ、伝統的にロジスティクスにかかわる大きな課題の一つは、「ラストワンマイル」の移送であった。鉄道を用いても航空機を用いても、最前線までの「最後の行程」は、トラック、馬、最悪の場合はヒトに頼らざるを得ないとの事実は、歴史を通じてロジスティクス担当者を悩ませてきたのである。

　だが今後、この「ラストワンマイル」は、自動配達ロボットやドローンなどの運用によって、無人化が可能になるかもしれない。

プロセスとしてのロジスティクス

また、民間企業であれ軍隊であれ、ロジスティクスとは組織の物流部署だけに任せておくことは許されず、組織全体で対応すべき領域である。

実にロジスティクスは、装備品もしくは商品の企画段階に始まり、その廃棄に至るまでライフサイクル全般について顧客《ユーザー》を支援することに他ならないからである。つまり装備品の移送に留まることなく、顧客が継続的に使用可能なことを保証する必要がある。装備品の企画、設計、サービス、補修部品といった一連の業務は、決して独立したものでなく、相互に密接に関係しているのであり、ロジスティクスとはまさにプロセスである。

確認するが、ロジスティクスについて真に理解しようとすれば、装備品の企画段階からその後の支援（サービス）や補修部品に至るまでのプロセス全般を視野に入れることが求められる。

当然ながら、戦争の遂行にはいわゆる「シューター」（兵器など）の確保だけでは不十分であり、兵士や物資、情報などの「流れ《フロー》」を維持する必要がある。さらに、装備品もしくは商品の性能を最大限に発揮するためには、教育及び訓練も不可欠である。こうしてみると、ロジスティクスの意味するところをさらに広範に捉えることが求められる。

軍事ロジスティクスにおける革命

イラク戦争では軍事ロジスティクスの部外委託《アウトソーシング》が大きく進んだとされる。その理由の一つは、大量の物資――とりわけ現地では調達できないハイテク装備品など――を遠く海外へと移送するノウハウに関して、民間企業の方が優れていたからである。

湾岸戦争でアメリカ軍は、約2カ月間継続して戦えるための物資を事前に準備したが、イラク戦争では約1週間分の備蓄で攻撃を始めたとされる。そして、こうした状況を可能としたのが、衛星もしくは軍事衛星を用いた通信ネットワークの発展であった。最前線の部隊とロジスティクス担当の部隊が衛星で結ばれれば、どの部隊がいかなる物資を必要としているかを容易に把握できるからである。

実は、戦争においてロジスティクスとインテリジェンス（情報）は相互補完関係にある。また、歴史的に主要諸国の参謀本部制度が確立される過程では、そのロジスティクス部署とインテリジェンス部署が、オペレーション（作戦）部署よりも重要とされた。さらに踏み込んで言えば、参謀本部制度とは元来、ロジスティクスに関する機能を強化する目的で生まれたものである。当然ながら、戦略、作戦あるいは戦術の策定とその実施を支える基盤が、ロジスティクスであり、インテリジェンスだからである。

また近年、軍事の領域では突発的なテロやゲリラ攻撃などに迅速に対応できるよう、現場あるいは最前線の部隊への権限委譲——民間では「アダプティブ」として知られる——の必要性が改めて認識されており、軍事ロジスティクスの領域も例外ではない。

なるほど今日の軍隊は主としてＩＣＴ（情報通信技術）の発展の結果、最前線の状況が本国中央でもリアルタイムで把握できるようになった。それにもかかわらずアメリカ軍などは、一部に「任務戦術」の概念を採り入れて最前線の部隊への権限の委譲を進めているが、その狙いの一つはもちろんテロやゲリラ対応である。戦いが始まって、その度に中央に指示を求めていたら、対応が後手に回ってしまう。

「ジャストインケース」から「ジャストインタイム」へ

ビジネスの世界で「ジャストインタイム」という発想が採用されてから久しいが、その核心は、「必要なものを、必要な時に、必要なだけ」であり、これは今日の軍事ロジスティクスの領域にも広く導入されている。

冷戦から湾岸戦争にかけての時期は「ジャストインケース」といった発想でロジスティクスが運用された結果、その副産物として大量の物資を集積する「アイアン・マウンテン」が随所で構築された（詳しくは、江畑謙介『軍事とロジスティクス』日経BP、2008年を参照）。だが、最前線とロジスティクス担当の部隊が通信ネットワークで結ばれ、さらにはRFIDタグが導入された結果、物資の流れをリアルタイムで把握することが可能になった。

なお、イラク戦争に先立って開始されたアフガニスタン戦争（2001～21年）では、最前線に移送した物資のうち70～80％が燃料及び水であり、その水の75％が兵士のシャワー用であったとされるが、これは、アメリカ軍だけに許された「特権」である。同国軍の優れたロジスティクス能力の証左であるが、これは「水を制した」古代ローマ（帝国）を彷彿とさせる。

また、民間企業も軍隊も「ジャストインタイム」の発想は同じであるものの、仮に相違があるとすれば、軍隊には戦時あるいは緊急時の物資不足など絶対に許されないため、多少の備蓄が必要とされ、許されるとの点であろう。その象徴的な事例が、いわゆる「ローロー船」に代表されるMPS（海上事前集積部隊）である。

軍隊の「アキレス腱」

もちろん、今日までのこうした「軍事ロジスティクスにおける革命」は大きな問題を解決する一方で、新たな課題も多々生じさせた。

例えば、イラク戦争では部隊の進攻があまりにも早かったため、必要な物資を必要な時に必要な数量だけ提供するとの「ジャストインタイム」ですら、その欠点が表面化した。また、この戦争でアメリカ軍の犠牲者の3分の2以上がロジスティクス担当の部隊から出ており、ロジスティクスが軍隊の「アキレス腱」であるとの事実は、技術イノベーションが大きく進んだ今日でも変わらない。

さらに冷戦終結後、今日に至るまでの戦争の多くは「テロとの戦い」の様相を呈しており、主権国家間の戦争を想定し構築された従来のロジスティクスの態勢が通用し難くなってきている。

実はこれは今日、各国の軍隊が抱えた大きな課題の一つである。従来の正規軍同士の戦争――国家間戦争――では、敵の位置が比較的特定しやすかったため、どこが戦場か、そのためにロジスティクスの線《ライン》をどう確保すべきか、などある程度は予測可能であった。ところが、テロやゲリラとの戦いでは戦場の位置すら不明確である。そのため、各国の軍隊は今日、必要な物資をできる限り自ら携行する方策に「回帰」しているようにも思える。

「テロとの戦い」の時代のロジスティクス

先にも触れたように、国家の正規軍同士の戦争を想定した従来のロジスティクスのあり方は、今日、その有用性を徐々に失いつつあるように思われる。併せて、自己完結を旨とする従来のロジスティクスの態勢も、大きな見直しを迫られている。テロやゲリラとの戦いに象徴される「新しい戦争」の時代の要請に応じた、新たなロジスティクスのあり方が求められる。

つまり、従来、自己完結を旨とした主権国家の軍隊が、今日の国家の枠組みを超えた紛争や活動——例えば非通常戦争（非対称戦争）や国連平和維持活動（ＰＫＯ）——にいかに対応できるか、また、ロジスティクス業務の多くを民間企業に委託せざるを得ない今日の社会状況に軍隊がいかに対応できるかが問われている。さらには、伝統的な事態対応型のロジスティクス態勢から、事前対応型のものへの移行も求められるであろう。テロやゲリラに象徴される非通常戦争が多発する今日、最前線と後方地域の境界（線）はますます曖昧になってきており、時としてこうした区分は無意味ですらある。

ある軍人の言葉を借りれば、ロジスティクスは決して「魅惑的《グラマラス》」な領域ではない。それにもかかわらず、戦争に勝利するためには必要不可欠な領域である。

近年、食糧安全保障やエネルギー安全保障、さらには経済安全保障をめぐって活発な議論が展開されている。例えば、日本の食料自給率はカロリーベースで38％（本講執筆時：以下も同じ）とされ、エネルギー全般の自給率は12％とされる。半導体の不足も大きな問題となった。だが、例えば船舶や航空機などの移送手段が使用できず、鉄道や道路に代表される交通インフラが遮断された場合、東京の食料自給率は1％に留まるという。

ここに、今日のグローバリゼーションという時代状況下でのサプライチェーンの確保をめぐる問題が出てくる。物資の流れ《フロー》は「経済の血脈」とされる。だからこそ、生産あるいは調達から小売り消費に至るまでのサプライチェーン全般を円滑に統合することが重要となる。確認するが、ロジスティクスとは人々の生活の基盤であり、インフラである。軍事ロジスティクスは、戦いの基盤である。

日本は今後、そもそも「後方」と表現されあまり注目されることのない軍事ロジスティクスの領域に、どれだけのヒトや資源を充てることができるのであろうか。ウクライナでのロシア軍の軍事行動から推測するに、同国軍は限られた国防予算のなかでミサイルや航空機などの「正面装備」に資源を投入しすぎ、弾薬や補修部品に代表されるロジスティクス、さらには「継戦能力」に対する施策が疎かになっていたと感じざるを得ないからである。

第2講

軍事ロジスティクスとは何か

戦争とロジスティクス

WAR and LOGISTICS

ウクライナ戦争の勃発以降、戦いの経緯はもとより、ロジスティクス（あるいは兵站《へいたん》）や技術といった側面にも注目が集まっている。本講（章）では、軍事ロジスティクスとは何かについて平易な解説をしてみたい。

だが、その前に確認すべき点として、軍事作戦を計画する行為をあたかも真っ白なカンヴァスに絵を描くように考えている人々が多数存在するが、これは真実とは異なることである。たとえ政治家や軍人が地図を拡げてどれほど壮大な構想を練ったとしても、それを支える基盤――軍事ロジスティクス――がなければ、所詮は白昼夢にすぎないのである。

つまり、カンヴァスの大きさを規定するのがロジスティクスなのである。実際、戦争の歴史を振り返ってみれば、戦いの場所や時期、規模を少なからず規定してきたのがロジスティクスの限界あるいは制約であった事実を理解できる。

軍事ロジスティクスの重要性を一言で表現すると、古代から戦争の様相は「戦略」（軍事作戦）よりも「ロジスティクスの限界」によって規定されていたとなる。すなわち、ロジスティクスこそ戦争の様相、そして用いられる戦略（軍事作戦）を規定する大きな、時として最も大きな要因なのであり、戦争の勝利と敗北を決定づける大きな要因である。

イスラエルの歴史家マーチン・ファン・クレフェルトの言葉を援用すれば、兵士として活動するのに必要な一人一日当たり３０００キロカロリーの糧食をどれだけ前線に運べるか、その実現可能性が軍隊の行動、そして作戦を規定してきたのである。

戦争の90%はロジスティクス

クレフェルトは、その主著『増補新版　補給戦』で、ロジスティクスをめぐる術《アート》を、軍隊を動かし、かつ軍隊に「補給」する実際的方法と定義する。彼はまた、戦争をめぐる問題の90%はロジスティクスに関係する、とその重要性について言及している。

「決定的な場所に最大の兵力を集中させる方法を知っている者が勝利する」とはナポレオン・ボナパルトの言葉とされるが、いったん、決定的な場所が確認されれば、そこに兵士と物資を投入することがロジスティクスをめぐる術《アート》の領域の問題となるのである。その意味では、ロジスティクスとは優れて「運用」をめぐる問題であると捉えることも可能であろう。

クレフェルトはこの事実を、「軍事史の著作の中では、一度司令官が決定すれば、軍隊はいかなる方向に対しても、どんな速さでも、またどんな遠くへでも移動できるように思われている。実際はそうではなく、おそらく多くの戦争は敵の行動ではなく、そうした事実〔軍隊に補給することの重要性及び困難性：引用者注〕の認識を欠いたために失敗することの方が多かったのである」と的確に表現している。

もとより、軍事ロジスティクスという言葉の意味するところについては、完全に合意された定義が存在するわけではなく、論者によって見解は大きく異なる。クレフェルトは、物資の「流れ《フロー》」――補給あるいは物流――とやや狭義に捉えているようである。だが、実はロジスティクスとは軍隊の物流――兵站――部署だけに任せておくことは許されず、組織全体で対応すべき領域なのである。

事実、広義の意味でロジスティクスとは、糧食や燃料などの補給はもとより、兵器など装備品の企画段階に始まり、その廃棄に至るまでのライフサイクル全般について軍隊全体を支援することに他ならない。装備品の企画、設計、点検、補修といった一連の業務は、決して独立したものでなく、相互に密接に関係しており、ロジスティクスとはまさにこうしたプロセスをも含んだ概念なのである。

さらに、装備品の性能を最大限に発揮するためには教育及び訓練が不可欠であり、そうしてみると、ロジスティクスの意味するところをさらに広範な視点から捉えることも可能である。

また、仮にロジスティクスが物資の「フロー《流れ》」であるとすれば、道路網、鉄道網、港湾及び港湾施設、空港及び空港施設を含めたシステムとしてロジスティクスを捉える必要がある。ロジスティクスとは優れてシステムをめぐる問題でもあるのである。

あらゆる可能な軍事知識を応用する科学

クレフェルトは『増補新版　補給戦』で、ロジスティクスについて語る際には具体的な数字や統計を示すことが重要である旨を強調しているが、よく考えてみれば、ロジスティクスはギリシア語の「計算を基礎とした活動」あるいは「計算の熟練者」を意味する言葉に由来するという。そのため、ロジスティクスには何らかの計算あるいは数字がつきものであるとのクレフェルトの指摘にもうなずけよう。

かつて古代ギリシアの哲学者ソクラテスは「戦いにおける指揮官の能力を示すものとして戦術が占める割合は僅かなものであり、第1にして最も重要な能力は部下の兵士たちに軍装備を揃え、糧食を与え続けられる点にある」(『ソクラテスの思い出』第3巻第1章)と述べたそうである。また、第二次世界大戦を振り返ってイギリスの将軍アーチボルド・ウェーヴェルは、戦争とはそのすべてが行政管理と輸送に懸かっている、また、補給と輸送の要素について真に理解することが指揮官のすべての計画の根底である、と述べるに至ったが、この事実は今日の戦争にも確実に当てはまる。

近代以降の軍事ロジスティクスの概念を確立したとされるフランスの戦略思想家アントワーヌ・アンリ・ジョミニの『戦争概論』には、ロジスティクスはかつて部隊を宿営させ縦隊の行軍を維持し、ある地域に陣取らせることであったが、戦争が天幕なしでも敢行されるようになるにしたがって軍隊の移動は一層複雑なものとなり、その結果、参謀は従来以上に広範な機能を果たすようになった旨が記されている。さらにジョミニは、ロジスティクスとはあらゆる可能な軍事知識を応用する科学以外の何ものでもない、とも述べている。

ロジスティクスは「後方」ではない

以下、少し退屈になるかもしれないが、軍事ロジスティクスの定義や概念について改めて整理してみよう。

ロジスティクスという言葉は、旧日本軍では通常、「兵站補給」と訳されていた。また、今日の防衛省・自衛隊では、「後方、後方補給、兵站」などとされるが、軍事評論家の江畑謙介は『軍事とロジスティクス』のなかで、ロジスティクスとは後方ではなく、戦いの骨幹であり、それゆえ「後方」との表現は誤解を招きやすいと批判している。

基本的に、ロジスティクスとはシステムとしての物流の管理であり、その語源はフランス語の「宿営」を意味する言葉であったという。その後、兵器、糧食、被服の運搬などに当たる「輜重《しちょう》」の機能を超えて、より高次あるいは広範な概念として、戦場で後方に位置して前線部隊のために必要物資の補給や後方連絡線《ライン》の確保などを任務とする「補給」「後方」「兵站」といった言葉あるいは概念が登場してきた。

そうした言葉や概念が戦争の歴史とともに少しずつ進化を遂げているため、補給、兵站、ロジスティクスといった表現が混同されて用いられてきたのであり、これはある程度は致し方のないことである。

今日の日本で一般的に用いられている「後方」の定義について、例えば航空自衛隊は、「防衛力の造成、維持、発揮に必要な施設、装備品等を準備し、提供すること及びこれに関する諸活動の総称」、さらに簡潔に、「整備、補給、調達、輸送及び施設に関する諸活動の総称」としている。

また、陸上自衛隊では「後方」を、人事や兵站などをも含めた総称として用いている。ここでの「兵站」とは、「部隊の戦闘力を維持し作戦を支援する機能であり、補給をはじめ、整備、輸送、回収、衛生、建設、不動産、労務、役務等の総称」を意味する。また、人事が「後方」の任務の一つとして位置づけられている事実に注目してもらいたい。

さらに近年、軍事力の統合運用が進められているなか、統合用語としての「後方」は、「防衛力の造成、維持、発揮に必要な人員、施設、装備品などを準備し提供すること及びこれに関連する諸所の活動の総称」となっている。いずれにせよ、定義の全体的な統一が必ずしもなされていないのが現状であり、曖昧さも多々残されているが、軍事ロジスティクス――「後方」――という言葉が広い意味を含んだ概念である事実を分かっていただけると思う。

おわりに

軍事ロジスティクスの概念とその様相が時代とともに進化している事実は既に述べたが、今日では、必要な物資を必要な時に必要な数量だけ提供する「ジャストインタイム」の方策――経済界でいち早く採用され、その後、軍事の領域でも導入された――も、その限界に近づきつつあるとの見解も見受けられる。

軍事ロジスティクスは決して「魅惑的《グラマラス》」な領域ではないが、戦争に勝利するためには必要不可欠なものである。だからこそ、例えば2003年のイラク戦争では、アメリカ軍の犠牲者の3分の2以上がロジスティクス担当の部隊から出たのである。残念ながら、ロジスティクスが軍隊の「アキレス腱」であるとの事実は、今日に至るまで変わっていない。

この講を締めくくるにあたり、1991年の湾岸戦争で多国籍軍のロジスティクスを実質的に統括したアメリカの将軍W・G・パゴニスの言葉を引用すれば、「ロジスティクスという言葉には、科学的だと思わせる響きがある。既に答えが分かっていて、方法論も確立しているように思わせる。どちらかというと人間という要素とは無縁の分野だという印象を与えるかもしれない。しかし、この技術の黄金時代にあっても、この世界、この国には、物を持ち上げたり運んだりする人がほかの業務分野よりもっと多くいるのだ」(W・G・パゴニス、『山・動く――湾岸戦争に学ぶ経営戦略』佐々淳行監修、同文書院インターナショナル、1992年)。結局のところ、ロジスティクスは優れてヒトをめぐる問題でもあるのである。

軍事ロジスティクスとは、とても奥が深く、興味深い領域なのである。

第3講

世界戦争史の中の軍事ロジスティクス

戦争とロジスティクス

WAR and LOGISTICS

1991年の湾岸戦争や2003年のイラク戦争でもそうであったが、テレビなどメディアでは最前線の戦いの場面ばかりが話題にされ、アメリカ本土やヨーロッパなどから中東地域まで軍隊を移動させ兵士に糧食や水を提供し、必要な武器及び弾薬を運搬するという、戦いの基盤となるロジスティクスあるいは兵站の側面はほとんど注目されなかった。だが、仮にロジスティクスが機能不全に陥れば、いかに世界最強のアメリカ軍や多国籍軍（有志連合軍）といえどもほとんど戦えないのである。

実際、歴史を振り返ってみれば、戦いの場所や時期、規模を少なからず規定してきたのはロジスティクスの限界あるいは制約であったことが理解できる。湾岸戦争やイラク戦争で、とりわけアメリカ軍はいとも簡単に最前線まで兵士や物資を移送させたように見えるが、それが可能であったのは同国軍が中東地域へと至るロジスティクスの線《ライン》――例えばシーレーン――を確保し、それを維持し得たからである。

もとより、ロジスティクスの限界は時代とともに変化する。例えば、有名な古戦場の位置を地図で確かめてみれば、ほとんどが河川や運河の近くである事実に直ちに気がつくであろう。大量の兵士や物資を移送するには、昔は河川や運河に頼るしか方法がなかったからである。河川沿いにロジスティクス拠点を設けて、そこから行動可能な範囲内で戦ったのである。

中国の戦争史とロジスティクス

ロジスティクスの重要性について戦争の歴史から概観すれば、例えば古代中国、秦《しん》朝末期の項羽《こうう》と劉邦《りゅうほう》の時代、蕭何《しょうか》は漢《かん》の軍隊の補給を一手に引き受けた。また、『三国志』の時代の官渡《かんと》の戦い（200年）で袁紹《えんしょう》は、その膨大な兵力を支えるため大量の補給物資を必要としたため、自国から戦場までの物資の輸送態勢を整えようとしたものの、敵対する曹操《そうそう》はそれを予期して奇襲攻撃を実施し、袁紹軍の補給部隊を撃破、その物資を焼き払うことに成功した。

また、蜀《しょく》の諸葛亮《しょかつりょう》の行ったいわゆる北伐、最後の第五次北伐において彼が、五丈原《ごじょうげん》で屯田を行うことで自軍の糧食問題の解決を図ろうとした事実はあまりにも有名である。加えて、諸葛亮が発明した「木牛流馬」という移送手段は今日に至るまで広く知られている。

さらに13世紀のチンギス＝ハン及びその後のモンゴル帝国の時代、彼らは築城や屯田のための専門部隊を備えていた。また、補給及び連絡網など後方地域の支援態勢を含めた軍事のシステム化及び効率化に優れ、ロジスティクスとりわけ糧食の確保を重視した。駅道と駅舎（ジャムチ）、駅伝（ジャム）制の整備（約4キロメートルごと、換え馬、糧食）

はつとに知られ、狼煙《のろし》（烽火台）の活用にも長けていた。

古代ギリシア＝ローマと軍事ロジスティクス

他方、古代ギリシア及びローマの時代には、例えばマケドニアのアレクサンドロス大王は、いわゆる「東征」に際し自らの軍隊の進撃に先立って、工兵部隊に道路の整備を実施させている。また、陸上で十分な補給物資を確保するために軍を分割し、その軍は沿岸を航行する船舶から水の補給を受けた。

ローマとカルタゴの戦争、例えば第二次ポエニ戦争（紀元前218～201年）でローマの将軍クィントゥス・ファビウス・マキシムスは当初、アルプス越えで知られるカルタゴの将軍ハンニバル・バルカと直接対峙することを回避し、ハンニバルの補給物資を断つことを主たる目的として行動した。今日でも「ファビウス戦法」として知られる戦い方である。続く第三次ポエニ戦争（紀元前149～146年）でローマは、カルタゴの籠城に対して補給物資を遮断、飢餓へと追い込んで降伏させた。

ローマ（帝国）軍は橋梁、水道橋、そして道路――ローマ街道――の建設に優れた能力を発揮したが、これこそローマの強さの秘訣であった。当時は、今日の戦闘部隊、工兵《エンジニア》部隊、補給部隊といった明確な区別はなく、兵士には技術的な知識が求められたのである。

中世から近現代へと至るヨーロッパの歴史と軍事ロジスティクス

中世ヨーロッパの攻城戦が優れてロジスティクスをめぐる戦いであった事実は広く知られる。また、11〜13世紀の十字軍の時代、エルサレムに向けて兵士（騎士）や補給物資の運搬を担当し、富を得たのがヴェネツィア、ジェノヴァ、アマルフィーに代表されるイタリアの都市国家であった。こうした国家は、今日で言う銀行業も担当したのである。

次に、近現代の戦争では、1789年のフランス革命後のナポレオン・ボナパルトによるロシア遠征や第二次世界大戦でのドイツ軍によるソ連侵攻は、ロジスティクスをめぐる問題を考えるための事例としてしばしば取り上げられる。

また、アメリカ南北戦争（1861〜65年）で連邦軍（北軍）が実施した海上封鎖「アナコンダ」作戦、さらにはウィリアム・シャーマン将軍が実施した焦土作戦（「海への進撃」）は、まさに敵である連合軍（南軍）のロジスティクス拠点に対する攻撃であった。

1914年、第一次世界大戦の緒戦においてフランスは、ドイツ軍の侵攻に対するパリ防衛のために急遽タクシーを活用し、1916年に激戦地ヴェルダンへと補給物資を運搬したただ1本の道路は「聖なる道（Voie Sacrée）」と呼ばれ、ともに今日まで「伝説」として語り継がれている。また、この大戦を通じて新たに生じた問題が継続的な物資の補給、とりわけ弾薬の補給であり、これは「シェル・スキャンダル（砲弾スキャンダル）」として参戦諸国内で政治問題化したのである。

実際、イギリスの戦略思想家J・F・C・フラーは、第一次世界大戦を2つの巨大なロジスティクス・システム間の戦い、すなわちイギリスの「ミッドランズ」とドイツの「ルール」という両国の大工業地帯間の戦いであったとの興味深い指摘をしている。思えば、この大戦の後半、ドイツ軍人で実質的な同国の戦争指導者となったエーリヒ・ルーデンドルフは「第一兵站総監」に任命されたが、この事実はロジスティクスが戦争の帰趨を大きく左右するようになったことを示す証左である。

ロジスティクスとインテリジェンスと

実は、当時の主要諸国の軍隊の参謀組織は第一次世界大戦の開戦時までにはほぼ確立されていたが、元来、この組織はロジスティクスの機能を強化する必要性から生まれたものである。戦略、作戦及び戦術の策定とその実施を支えるのが、戦いの基盤となるロジステイクスとインテリジェンス（情報）であると考えられたからである。つまり、インテリジェンスによって状況を冷静かつ正確に把握し、ロジスティクスによって戦略などの実現可能性を検討、それらの実施にあたっては物質的な支援を組織的に行うのである。

ロジスティクスの観点からすれば、近代の戦争を変えた一つの転換点は疑いなく鉄道の登場であった。大量の兵士や物資を絶えることなく前線へと運び込める。しかも前線で傷ついた兵士を迅速に後方に送り、治療を受けさせることが可能になった。その後のトラックの登場――自動車化――によっても、やはり戦争の様相は変化した。もちろん、航空機や大型船舶の存在も忘れてはならない。

そして、このような技術のイノベーションは今日でも継続しており――例えばＡＩ（人工知能）――、軍事の領域に取り入れられ、戦争の様相を大きく変えつつある。

第二次世界大戦「バルバロッサ」作戦のロジスティクス

ロジスティクスの観点から第二次世界大戦、１９４１年ヨーロッパ東方戦線の「バルバロッサ」作戦や独ソ戦全般を考えれば、これが「兵站支援限界」を超えた、さらには「成功の局限点」を超えた、無謀としか表現し得ない作戦であった事実は否定できない。

北アフリカの戦いでのドイツ軍指揮官エルウィン・ロンメルにも同様に当てはまるが、「バルバロッサ」作戦は、一見華やかな「電撃戦」の表層に目を奪われることなく、その負の側面、とりわけあまり注目されることのないロジスティクスをめぐる側面にも十分に留意するよう我々に警告しているようにも思われる。

「バルバロッサ」作戦や独ソ戦全般は、1812年のナポレオンのモスクワ遠征としばしば類比される。実際、約1世紀前の戦いの研究を通して第一次世界大戦のドイツ軍人も、常にナポレオンの悪夢の再来を懸念していたのである。

モスクワ遠征に最終的にナポレオンが失敗した理由が、糧食、医療、防寒対策を含めた「管理面の欠陥」――つまりロジスティクス――にあったとする指摘は重要である。確かに当時、あらゆる意味において戦争は、ナポレオン個人の「軍事的天才」(カール・フォン・クラウゼヴィッツ)だけではもはや統制及び管理できない規模にまで拡大していたのである。

ただし、ナポレオンの大陸軍《グランダルメ》を実質的に敗北させた原因は、補給物資の不足というよりも、それを前方地域に移送及び分配する能力の欠如であった。ナポレオンの有名な格言に「軍隊は胃袋とともに進む」とあるが、ロシア遠征ほどその失敗によってこの格言の妥当性を証明し得た事例はないであろう。ロジスティクスをめぐる戦いにおいてしばしば問題視されたのが、補給物資の不足そのものではなく、それを最前線へと運ぶ手段であるとの事実は極めて重要である。

日本の戦争とロジスティクス

次に、日本の戦争の歴史からロジスティクスの重要性について考えてみよう。

例えば、663年の白村江《はくすきのえ》の戦いに敗北した当時の日本の政権は、朝鮮半島に上陸した兵士に物資を補給する術《すべ》を断たれた。12世紀末の源氏と平氏の戦いで、平氏の根拠地である屋島の孤立を図った源氏であるが、逆にいわゆる西国地域で糧食不足に陥り、平氏側の補給ルートの遮断に失敗、結局は屋島への攻撃を実施することを余儀なくされたのである。

次に、豊臣秀吉が二度にわたって実施した朝鮮出兵（文禄及び慶長の役【1592～93年と1597～98年】）に対して朝鮮の将軍李舜臣《イ・スンシン》は、日本側の糧食を断つ目的で海上での戦いを挑み、これに勝利した。織田信長や豊臣秀吉による全国統一の過程で、石田三成がロジスティクスの側面でその能力を大いに発揮した事実は広く知られている。

また、時代は下って明治維新後の西南戦争（1877年）、とりわけ熊本城攻防戦などでは、電信――インテリジェンス（情報）――の力の差と、汽車と船舶に象徴される輸送――ロジスティクス――能力の差が、戦いの帰趨を大きく左右した。近代的な情報ネットワークと輸送インフラの勝利である。

また1904〜05年の日露戦争で日本海軍は、朝鮮半島及びアジア大陸に進出した陸軍に対する日本海の補給線《ライン》を確保するために、ロシア極東艦隊やバルチック艦隊の撃滅を重視した。

1937年7月の盧溝橋《ろこうきょう》事件に始まる日中戦争時の「援蒋《えんしょう》ルート」、ヴェトナム戦争での「ホーチミン・ルート」は、まさに戦争が補給線《ライン》をめぐるものであった事実を如実に物語っている。また、日中戦争で毛沢東《もうたくとう》が用いた遊撃戦（ゲリラ戦）も、日本軍を中国大陸の奥深くに引きずり込むことによって補給ルートを遮断することが、その目的の一つであった。これは、第一次世界大戦でのイギリス軍人「アラビアのロレンス」によるオスマン（＝トルコ）帝国に対する戦い方とほぼ同様であった。

太平洋戦争のロジスティクス

太平洋戦争（1941〜45年）で、日本海軍がいわゆる艦隊決戦の構想を捨て、補給（戦地への補給及び日本本土への物資の移送）にその部隊の多く――主力ではないものの――

を投入するようになったのは、実に1943年末になってからである。「海上護衛総司令部」の創設であるが、その間、アメリカ軍によって多数の日本軍兵士は、まさに餓死と溺死を余儀なくされた。「餓死」と「水没（溺死）」は、この戦争における日本軍の犠牲者の最大の原因であったとされる。

太平洋戦争における日本軍のロジスティクスのあり方を考えるための事例としてしばしば取り上げられるのが、ガダルカナルの戦い（1942年8月〜43年2月）とインパール作戦（1944年3〜7月）である。前者の戦いでの失敗でこの島は「餓島」と揶揄され、後者の戦いでは、ロジスティクスの観点から実施不可能との意見が一部の陸軍参謀によって具申されたが、これがいわば黙殺された事実は広く知られている。

また、このインパール作戦では作戦中止後の撤退段階で最大の犠牲者が出ており、すべての戦死者数の約6割とされる。日本軍が撤退した道は、「白骨街道」と呼ばれた。この作戦ではまた、マラリヤや赤痢などに対する軍事衛生への意識の欠如が著しく、ここでも病死と餓死が犠牲者の多くを占めた。ここには、軍隊の撤退をめぐる問題、いわゆる「出口戦略」の困難さもうかがい知ることができる。

これとは対照的にイギリス軍は、当初のビルマ（現在のミャンマー）からの敗走といった苦い経験を踏まえ、インドとビルマの国境地帯の部隊に対しては、大量の補給物資を備蓄し、日本軍を消耗戦争へと引きずり込む方針を用いた。彼らは日本側のロジスティクスの貧弱さを見抜いていたのである。

例えばこの戦線でイギリス軍は、陸上での移動及び補給が極めて困難であったため、航空機を活用した。オード・チャールズ・ウィンゲート指揮下のイギリス軍部隊――「チンディット」として知られる――が1943年にインドからビルマ北部へと侵入し、日本軍の背後で実施した作戦はその代表的な事例である。ここでは、輸送機及びグライダーを多数用いて、約3000名の空挺部隊が日本軍の背後に降下した(翌年の同様の作戦では約9000名)。併せて、大規模な空中補給も実施された。

こうしたウィンゲートの後方攪乱が成功した要因として、日本軍がビルマ戦線で広く分散していたうえにほとんど予備兵力を有せず、さらには、その補給線《ライン》が極めて貧弱であった事実が挙げられる。日本軍の弱点であったロジスティクスが狙われたのである。

おわりに

イスラエルの歴史家マーチン・ファン・クレフェルトがその主著『増補新版　補給戦』で鋭く指摘したように、やはり戦争という仕事の90%はロジスティクスをめぐる問題であるのかもしれない。

確認するが、ロジスティクスは戦争あるいは軍事作戦の根幹なのであり、決して「後方」などではないのである。

第4講

中世以降ヨーロッパ戦争史と軍事ロジスティクスの変容

この第4講（章）では、イスラエルの歴史家マーチン・ファン・クレフェルトの主著『増補新版　補給戦』の内容を手掛かりとして、中世以降のヨーロッパ戦争史における軍事ロジスティクスの変容について考えてみたい。

中世ヨーロッパ世界の戦争では、基本的に侵攻した地域を「略奪」することによってのみ軍隊は維持され得た。

だが、略奪を基礎とする中世の軍事ロジスティクスのあり方は、フランス革命以後、19世紀ヨーロッパの「新たな戦争」を賄うには問題が多すぎた。その結果、この時期には組織管理上の変化が見られたが、その最も重要なものが、ロジスティクスという業務が正式に軍隊の中に組み込まれたことであり、こうした変化をイギリスの歴史家マイケル・ハワードは「管理革命」と表現した（マイケル・ハワード『ヨーロッパ史における戦争』奥村房夫、奥村大作訳、中公文庫、2010年）。

この時期、現地調達を徹底することによって戦いの規模と範囲を劇的に変えたナポレオン・ボナパルトの戦争でさえ、ロジスティクスをめぐる問題がその戦略を規定していたのである。

その後、こうした略奪の歴史が1914年の第一次世界大戦を契機として消滅したのは、戦争が突如として「人道的」なものに変化したからではない。クレフェルトによれば、戦場での物資の消費量が膨大になった結果、もはや軍隊はその所要を現地調達あるいは徴発することが不可能になったからである。

「略奪戦争」の時代

『増補新版　補給戦』の第1章「16〜17世紀の略奪戦争」では、ヨーロッパ諸国の軍隊が1560年頃から1715年までの間にその規模を数倍も増大させた事実、そして、当時の戦争においては河川の利用方法を熟知した側が勝利した事実、が述べられている。思えば、この時代以前のロジスティクス・システムでは、敵国領土で行動する軍隊を維持することなどほぼ不可能であった。

より正確に言えば、そもそもその必要がなかったのである。古くから軍隊は、必要な物資を「略奪」することでロジスティクスをめぐる問題の解決を図ったものである。組織的な略奪は例外的なものではなく、むしろ日常的な行為であった。

しかしながら、17世紀初頭までにはもはやこうしたやり方が機能し得なくなってきたのであるが、その理由の一端が、軍隊の規模の拡大である。当時の軍隊はロジスティクスの線《ライン》にほとんど影響を受けなかった一方、その戦略的機動性は、河川の流れによって厳しく制約されていた。これは、河川の渡河が困難であったことを意味するわけではなく、補給物資を陸上で運搬するよりも水路を用いる方がはるかに容易であった事実を示している。

また、当時の軍隊の特徴として、第1に、糧食を得るために常に移動し続けることが絶対条件であり、第2に、進軍の方向を決定する際には策源地、つまりロジスティクスのための基地との接触の維持をあまり考える必要がなかったこと、が挙げられる。第3に、河川を巧みに利用するためには、当然、その水路を可能な限り支配することが必須とされたが、17世紀の「三〇年戦争」で活躍したスウェーデン王グスタフ・アドルフ（在位1611～32年）の戦い方は、まさにこれを実証したのである。

ロジスティクスか戦略か

ここで重要な事実は、この時代の戦争ではロジスティクスへの考慮が戦略より優先されていた点である。

補給物資をうまく調達する司令官になればなるほど水路に依存した。例えば、オランダ独立戦争（八〇年戦争）で活躍したオランダのマウリッツ・ファン・ナッサウ【オラニエ公】（在位1544～84年）ほど水路の利点をうまく利用し得た人物はいない。だが、いったん河川を外れるとマウリッツは勝利できなかった。

前述したグスタフ・アドルフでさえ、その軍隊の動きを決定していたのは彼の戦略的思考ではなく、実は糧食や秣《まぐさ》であった。

ルイ14世と「軍事倉庫制度」

こうした状況が多少なりとも変化したのが、17世紀後半から18世紀初頭フランスの「太陽王」ルイ14世（在位1643～1715年）の時代である。そこではル・テリエとフランソワというフランス人親子によって初めて「軍事倉庫制度」が確立され、これが、その後の戦争の様相に決定的な影響を及ぼすことになる。

だが、それでもなお、当時の戦争の唯一のやり方と呼べるものが、自らの費用でなく、近隣諸国の負担の下で軍隊を維持することであったとしても必ずしも誇張ではない。

確認するが、基本的に中世ヨーロッパ世界の戦争では、侵攻した地域を略奪することによって軍隊は維持された。「17世紀ヨーロッパの軍隊は、地表を侵食しながら進んでいく『ウジ虫』のような存在であった。後には、飢餓と破壊という足跡が残された」のである（ジョン・キーガン、リチャード・ホームズ、ジョン・ガウ『戦いの世界史――一万年の軍人たち』大木毅監訳、原書房、2014年、287頁)。

事実、フランスのいわゆる宰相アルマン・ジャン・デュ・プレシー・リシュリュー(1585~1642年)は、「敵の奮戦よりも物資の欠乏と規律の崩壊によって消滅した軍隊の方が多いと歴史は示している」と的確に述べていた。

ナポレオンの軍事ロジスティクス

『増補新版　補給戦』の第2章「軍事の天才ナポレオンと補給」では、現地調達を徹底し戦争の範囲や規模を劇的に変えたとされるナポレオン・ボナパルトが遂行した一連の戦争でさえ、ロジスティクスをめぐる問題が戦略を決定していた事実が述べられている。

同様に、ナポレオンのロシア遠征(1812年)に対抗するロシアの戦争計画も、戦略的考慮よりロジスティクスがその決定要因になっていた事実が記されている。

他方、略奪を基礎とした中世のロジスティクス・システムは、19世紀の戦争の必要性を賄うには不十分であった。その結果、この世紀には多くの重要な変化が生じたが、それらは組織上の変化であり、技術的な変化であった。

前者の変化で最も重要なものは、補給及び輸送業務が軍隊に正式に組み込まれたことであり、それまで何世紀にもわたって荷車とその馭者が必要に応じて徴用されていたやり方に変化が生じたのである（キーガン、ホームズ、ガウ『戦いの世界史』287頁）。

繰り返すが、ハワードは、こうした変化を「管理革命」と名づけた。これは、もちろん軍事に関する「技術」の重要性を認める一方、戦争での勝敗を優れて「運用」をめぐる問題として捉える歴史解釈である。事実、第二次世界大戦（1939〜45年）でドイツ軍が用いた「電撃戦」は、既存の軍事技術を使いながら、従来とは異なった軍事力の運用方法と編制で実施されたのである。戦車そのものの性能を比べれば、ドイツ軍が当時保有していた戦車は、フランス軍やイギリス軍と比較して決して優れていたとは言えない。

また、「組織」のあり方に注目して参謀本部制度や師団制度の発展に代表される組織こそが、戦争の帰趨を決める重要な要因であるとの議論もある。周知のように、1860〜70年代の「ドイツ統一戦争」でのプロイセン＝ドイツの勝利は、ライフル銃、鉄道、電信といった軍事技術の革新に負うところが大きかったが、それ以上に重要な要因は、参謀本部や参謀大学といった組織の下支えがあった事実である。

実際、ナポレオンの軍事的な勝利の要因としては、①軍団制を用いていたため部隊を分散させ現地でのロジスティクスを容易にさせたこと、②いわゆる「軍用行李」がなかったこと、③徴発担当の常設組織が存在したこと、④ヨーロッパが以前と比較して人口稠密になっていたこと、⑤フランス軍の規模そのものが大きいため敵の要塞包囲のために進軍を停止する必要がなく、それらを迂回することができたこと、など、組織の変化、さらには広義の意味での社会の変化が挙げられている。

プロイセン＝ドイツと鉄道の登場

『増補新版　補給戦』の第3章「鉄道全盛時代のモルトケ戦略」では、1866年の普墺《ふおう》戦争においては鉄道網がプロイセン軍の戦略的展開の速度を左右しただけではなく、その様相さえも決定した事実が指摘される。それとは対照的に1870〜71年の普仏《ふふつ》戦争では、開戦時とパリ包囲時という2つの例外を除けば、実は鉄道はそれほど重要な役割を果たし得なかったとクレフェルトは指摘する。

確かに、普仏戦争でプロイセン軍は後方からの補給にそれほど依存していたわけではない。プロイセン軍が用いた弾薬の大部分は当初から携行されており、自己完結していたからである。この戦争にプロイセン軍が勝利した理由は、後方からの弾薬のロジスティクス・システムが機能したからではなく、むしろ個々の作戦での消費量が極めて少なかったからである。

クレフェルトによれば、普仏戦争が前線部隊と策源地を結ぶ近代的なロジスティクスの線《ライン》を備え、厳格なまでに組織化されたロジスティクス・システムによって支援されていたとの一般的な認識は、「神話」にすぎない。実際、この戦争でのプロイセン軍のロジスティクスはまったくの失敗続きであった。

確かに従来、普仏戦争で鉄道が果たした役割は高く評価されてきた。だがクレフェルトは逆に、実際に鉄道が重要な役割を果たし得たのは当初の兵力展開の際だけであり、その後は、プロイセン軍の勝利がほとんど確定するパリ包囲時までは重要ではなかったと指摘する。

さらに言えば、普仏戦争のロジスティクスの側面に関するクレフェルトの評価は極めて単純である。すなわち、この戦争でのプロイセン軍の戦争計画は、結局のところ、フランスがヨーロッパで最も豊かな農業国家であり、戦争が最も条件の良い時期に開始されたからこそ実現可能になったのである。

もちろんその一方で、戦争の将来の方向性を示したものが鉄道であり、従来の城壁あるいは城砦ではなかったこともまた事実であろう。

自動車化時代のロジスティクス

第二次世界大戦におけるドイツ軍のソ連侵攻については多くの研究書が出版されているが、ドイツ軍の敗北の要因としてロジスティクスをめぐる問題——例えば距離の長さや道路事情の悪さ——を挙げていないものは1冊もないであろう。

しかしながら、この史上最大の陸上作戦についてロジスティクスという観点から詳細な学術研究を行った歴史家は未だにいない、とクレフェルトは指摘する。『増補新版　補給戦』の第5章「自動車時代とヒトラーの失敗」でクレフェルトは、この問題を正面から論じている。

1941年の「バルバロッサ」作戦、さらには第二次世界大戦東方戦線のドイツとソ連の戦いを考えるとき、どうしてもロジスティクスをめぐる問題は避けて通ることができない。

ロジスティクスの観点から「バルバロッサ」作戦や独ソ戦全般を考えれば、これが兵站支援限界を超えた、さらには「成功の局限点」を超えた、無謀としか表現し得ない作戦であったことは否定できない。

「バルバロッサ」作戦は、一見華やかな「電撃戦」の表層に目を奪われることなく、その負の側面、とりわけあまり注目されることのないロジスティクスをめぐる側面にも十分に留意するよう人々に警告しているようにも思われる。

自動車化が進展したこの時代の戦争においても、鉄道の果たした役割は依然として大きなものであった。よく考えてみれば、必ずしも鉄道が「電撃戦」を支え得る柔軟性を備えた手段ではないことは第一次世界大戦、さらにさかのぼれば普仏戦争の事例でも明らかであった。

だが鉄道をまったく無視し、すべての資源を自動車化に集中したとしても、当時のドイツ軍が自動車輸送だけでソ連との戦いを遂行できたとは到底思えない。

事実、自動車化によりドイツ軍は、「同質性の欠如」に悩まされることになる。すなわち、機動力を備えた自動車化部隊と、いまだに徒歩の歩兵部隊の混在である。そして独ソ戦における作戦は、ある時代の技術的手段——自動車——で実施し、ロジスティクスは別の時代の技術的手段——鉄道——で行おうとしたことが失敗の原因であった。

「バルバロッサ」作戦においては、しばしば指摘されるソ連国内の泥濘と同様、鉄道線《ライン》の稼働率の低さにも原因があった。そして、鉄道輸送の危機は凍結の始まる遥か前から生じていたため、ドイツ軍のモスクワ侵攻の失敗を、冬の訪れの時期やその寒さに求めることには注意を要する。

おわりに

興味深いことに、『増補新版　補給戦』の第5章の最後でクレフェルトは、ロジスティクスをめぐる術《アート》とは、戦争の術《アート》のごく一部を構成する要素にすぎず、また、戦争そのものも人間社会の政治的関係が織りなす多くの様相の一部にすぎない、とプロイセン＝ドイツの戦略思想家カール・フォン・クラウゼヴィッツを彷彿とさせる戦争観を示している。

クレフェルトによれば、対ソ戦の敗北はロジスティクスをめぐる術《アート》以外の要素が主たる原因であり、そのなかには、①多くの問題を抱えた戦略、②不安定な指揮系統、③少ない資源の不必要なまでの分散、などが挙げられる。

だが、この点について筆者はやや異なった見解を有している。すなわち、確かにロジスティクスが唯一かつ最大の要因――この側面を過度に強調することで、ドイツ軍は戦闘そのものには敗れていなかったとの不可思議な「神話」につながる――ではないものの、その他の要因との相乗効果によってヨーロッパ東方戦線でドイツ軍は敗北したとする方が真実に近いのである。ここでは、「総力戦」が意味するところを強調しておきたい。

結局のところ、ヨーロッパ東方戦線でドイツ軍が実施した数々の作戦に必要な物資の量は、同国軍が支え得るものをはるかに超えていたのである。ここにも、ロジスティクスを軽視したドイツ軍の悪しき伝統の一端が垣間見える。

アドルフ・ヒトラーは東方戦線のドイツ軍を3つの異なった攻撃軸に分散することなく、モスクワ侵攻だけに集中すべきであったとの議論もあるが、ロジスティクスの観点からすれば、こうした方策は不可能である。利用可能な道路と鉄道があまりにも少なかったからである。

『増補新版　補給戦』でクレフェルトは、戦争という仕事の90％はロジスティクスである旨を強調しているが、この言葉はあながち誇張ではないのである。

第5講

「シュリーフェン計画」とロジスティクス軽視

確認するが、イスラエルの歴史家マーチン・ファン・クレフェルトは、その主著『増補新版　補給戦』で、ロジスティクスをめぐる術《アート》を、軍隊を動かし、かつ軍隊に補給する実際的方法と定義した。

端的に言えば、ロジスティクスをめぐる術《アート》とは指揮下の兵士に対して、それなくしては兵士として活動できない一日当たり3000キロカロリーを補給できるか否かの問題である。

第一次世界大戦前夜ヨーロッパの戦略環境

この第5講（章）では、1914年の第一次世界大戦開戦時に、ヨーロッパ西部戦線でドイツ軍が用いた「シュリーフェン計画」を事例として、ロジスティクスをめぐる問題について考えてみたい。

第一次世界大戦前のドイツが抱えた問題は、フランスやロシアなど強国に東西から挟まれているため、仮に戦争になった場合、同国が敗北を回避し得る唯一の方策は、一方の敵が国内奥深くに侵攻してくる前にもう一方の敵を撃滅するしかない、という点であった。

そして、1894年の仏露同盟の成立とその強化の結果、このドイツ固有の戦略ジレンマはより深刻になるのである。

戦争が生起した場合、ドイツが大平原の広がるヨーロッパ東部戦線で決定的な勝利を得る可能性は低い。だが、仮にフランスを西部戦線で迅速に敗北させることができれば、ロシアに対処する（あるいはロシアと直ちに講和する）可能性は存在する。

そこで問題は、いかにして迅速で決定的な勝利をフランスに対して得るかとなり、その唯一の方策は、中立国ベルギーやオランダを経由しての迂回作戦に見出された。こうしていわゆる低地諸国を通過して巨大な侵攻作戦を実施することがドイツの戦略にとって不可欠な要素となり、有名な「シュリーフェン計画」の基本構想が確立されたのである。

鉄道の発達とロジスティクス革命

ロジスティクスの観点から近代の戦争の様相を変えた大きな転換点は、疑いなく鉄道の登場であった。大量の兵士や物資を絶え間なく最前線へと送り込め、しかも最前線で負傷した兵士を迅速に後送し治療を施すことが可能になったからである。

そして、この鉄道を最も効果的に運用したのがドイツ軍であり、これは１８６０～70年代の「ドイツ統一戦争」における同国軍の勝利の秘訣の一つとされる。

「シュリーフェン計画」とは何か

クレフェルトの『増補新版　補給戦』の第4章では「壮大な計画と貧弱な輸送と」という表題の下、ロジスティクスの観点から「シュリーフェン計画」の再評価が行われている。「シュリーフェン計画」とは、第一次世界大戦前のドイツ陸軍参謀総長アルフレート・フォン・シュリーフェンが、半ば絶望感を抱きながら立案したものとされるが、その計画の核心は、運用可能な軍事力の8分の7をヨーロッパ西部戦線での攻勢に集中し、さらには、その主力をルクセンブルグとアーヘンの間の地域に集中して、フランスを目標にベルギーとオランダに侵攻するというものである（実際には、オランダへの侵攻は見送られた）。

その際、ドイツ軍は可能な限り英仏海峡に接近して機動することによりフランス軍左翼を突破または包囲し、その後、セーヌ河を渡河して巨大な「回転ドア」（バジル・ヘンリー・リデルハート）のような運動を行うことによって、パリ南西地域を通過するというものである。英仏海峡をまさに「袖《そで》でかすって」通過し、フランスの首都パリを大きく巻き込む形で攻撃しようとする計画であった。

一方、軍事力の手薄な南部地域では、ドイツはムーズ（ミューズ）河の線《ライン》で待機し、自軍右翼の侵攻によって東側に退却すると予想されたフランス軍を撃滅することが期待された。

シュリーフェンは、この計画の実施には約6週間が必要とされると見積もっていた。

「シュリーフェン計画」の限界

だが、周知の通りこの計画は完全に失敗、その後、第一次世界大戦は泥沼の塹壕戦へと陥った。

当初、その失敗の原因として、当時の陸軍参謀総長ヘルムート・フォン・モルトケ――「ドイツ統一戦争」での活躍で有名なモルトケ（大モルトケ）と同姓同名の甥で、小モルトケと呼ばれる――が「シュリーフェン計画」を大きく改変したからであり、シュリーフェンが構想した通りに実施されていれば絶対に成功していたはずであると論じられた。

これに対してクレフェルトは、開戦時に鉄道を運用したドイツ軍部隊はもとより、鉄道線《ライン》そのものも敵の反撃に対してまったく脆弱であった事実を指摘、さらには、「シュリーフェン計画」とは結局、ロジスティクス的思考ではなく軍事作戦《オペレーション》中心の思考の産物であった事実を指摘した。

加えて、この章の結論としてクレフェルトは、「シュリーフェンの思想を詳細に検討する限り、彼はその計画を発展させる際、それほどロジスティクスに注意していなかったようである。彼はドイツ軍が遭遇するであろう問題を十分に理解していたものの、組織的な努力によってそれを解決しようとはしなかった。仮に努力していたとすれば、シュリーフェンはこの計画が実行不可能であると結論を下したであろう」との厳しい評価を述べている。

ここでのクレフェルトの姿勢は、ロジスティクスを軽視したシュリーフェンの構想、そしてドイツ軍の構想を厳しく批判することで一貫している。

「シュリーフェン計画」に内在する問題

確かに、クレフェルトも言及しているように「シュリーフェン計画」に内在するロジスティクスをめぐる問題については、例えば既に1906年には、当時のドイツ陸軍参謀本部鉄道局長であるウィルヘルム・グレーナーなどが疑問視していた。

グレーナーの端的な結論は、「シュリーフェン計画」には成功の可能性がないとするものであった。なぜなら、侵攻があまりにも急速なため、ロジスティクス担当の部隊がベルギーからフランスに至るまでの大規模なドイツ軍の糧食、そして武器弾薬を維持することなど不可能と考えられたからである。

したがって、すべては鉄道の正常な運行に依存することになり、仮に鉄道が完全に破壊されれば大きな問題が生じるであろう、とグレーナーは、あたかも第一次世界大戦の緒戦の様相を正確に予測していたかのような懸念を表明していた。実際、例えばベルギー国内の鉄道網は、同国軍の破壊工作《サボタージュ》によって切断されたのである。

作戦重視の思考

つまり、イギリスの戦略思想家バジル・ヘンリー・リデルハートが鋭く指摘したように、「シュリーフェンによって計画された作戦の大きさと大胆さは、ナポレオン時代には可能であった。また、次の世代であれば、自動車輸送部隊がそれを可能にしたであろう。だが、1914年のドイツ軍の規模と重量は、利用可能な輸送手段にまったく釣り合っていなかった」のである。

同様にリデルハートは、「1914年以降、人馬に必要な食糧は野戦軍が求めるすべての補給物資の内の一部、それも通常はごく一部分を占めるにすぎなかった。まさにこの理由のため、軍隊の必要物資の大部分を現地で調達することはもはや不可能になった」と、総力戦へと向かいつつあった当時の戦争の様相の変化について的確に記している。

第一次世界大戦の衝撃

戦争の歴史の代名詞とも言える「略奪」の歴史が、１９１４年の第一次世界大戦を契機として消滅したのは、前線での消費量が膨大になった結果、補給物資を現地で調達することが不可能になったからとするのが、『増補新版　補給戦』で新たに加筆された補遺でのクレフェルトの結論であり、これはリデルハートの評価と同じである。

つまり『増補新版　補給戦』は、ロジスティクスの歴史の最も重要な転換点が、ナポレオン・ボナパルトに関係する１７８９年（フランス革命とその後の革命戦争及びナポレオン戦争）でもなく、鉄道の登場やドイツ陸軍参謀総長ヘルムート・フォン・モルトケ（大モルトケ）の活躍を伴った１８５９～71年（「ドイツ統一戦争」）でもなく、１９１４年の第一次世界大戦であったとの独自の見解を展開したのである。

かつてある歴史家は、「１９１８年、第一次世界大戦が終結（＝休戦）した時期に戦場に立った兵士は、１９９１年の湾岸戦争を見てもさほど違和感を抱かないであろうが、１

914年、この大戦が勃発した年に戦場に立っていた兵士は、1918年の戦場を見るとその違いに驚愕するであろう」と述べたが、確かに第一次世界大戦は、それほどまでに開戦時と休戦時とでは戦争の様相が一変したのであり、こうした変化がロジスティクスの側面に及ぼした影響も大きかったのである。

繰り返すが、戦争の歴史の代名詞とも言える「略奪」が1914年の第一次世界大戦を契機として消滅したのは、前線での消費量――とりわけ高度の技術が必要とされる武器や弾薬――が膨大になった結果、補給物資を現地で調達することなど不可能になったからである。

「ドイツ流の戦争方法」

近年、軍事の領域では、突発的なテロ攻撃などに迅速に対応するために、現場あるいは最前線への権限委譲の必要性が再認識され始めており、軍事ロジスティクスの領域も例外ではない。

歴史上、最前線への権限の委譲に関しては「任務戦術」、ドイツ語で Auftragstaktik と呼ばれる方策が存在する。今日では、英語で mission tactics あるいは directive command、さらにはmission commandなどとも表現されるが、近現代においてその発端は、泥沼の塹壕戦に陥っていた第一次世界大戦末期、ドイツ陸軍が考案したとされるものである。興味深いことに今日これが、それもロジスティクスの領域との関連で改めて注目されている。

周知のように、第一次世界大戦末期のドイツ陸軍は、敵の最前線を密かに突破して敵陣の内部深くに侵攻し、小規模な部隊での分散行動によって敵を背後や側面から攻撃して攪乱する「浸透戦術」と呼ばれる方策を用いた。

そして、この「浸透戦術」を可能にするために権限を下位の部隊に委譲したのである。上級司令官は目標と大まかな方針だけを示すに留め、任務を遂行する具体的方法は最前線の下級司令官の判断に任せた。実は、当時は敵陣に侵攻した部隊は、技術の未発達などの理由から上級司令部との連絡が途絶えてしまうため、権限を委譲しなければ行動できなかったのである。

権限の委譲

なるほど今日の軍隊は主として情報技術の発展の結果、最前線の状況がリアルタイムで本国の中央でも把握できるようになった。
それにもかかわらず例えばアメリカ軍は、「任務戦術」の概念を一部に採り入れて最前線への権限委譲を進めているが、その狙いの一つはもちろんテロ対策である。

戦闘が始まって、その度に上級司令部に指示を求めていたら、対応が後手に回ってしまうからである。同時に、中央から最前線の状況がリアルタイムに見えるようになった結果、逆に現場の判断を尊重する必要性が改めて認識されたとも言える。

かつてプロイセン＝ドイツの戦略思想家カール・フォン・クラウゼヴィッツはその著『戦争論』のなかで、机上の計画と現実の戦いとの違いを「摩擦」という概念を用いて説明した。

確かに、気象条件や兵士の疲労度など、事前に予測することのできない要因が戦争の勝敗には大きく影響する。それらを概念化したものが「摩擦」であり、クラウゼヴィッツは「戦争は摩擦に満ちている」と述べたが、この事実は今日でも変わらない。

だからこそ、最前線に権限を委譲し、その意向を尊重する必要性が認められたのであるが、この事実は戦いの基盤であるロジスティクスにも当てはまる。

おわりに

話題を第一次世界大戦に戻そう。

「シュリーフェン計画」の失敗の原因は、小モルトケが当初の計画を改変した——「水で薄めた」——ためであると言われたが、これは真実ではない。真の原因は、「シュリーフェン計画」そのものに内在した問題——とりわけロジスティクスをめぐる問題——にあった。

そしてこの計画に代表されるように、総じて20世紀のドイツ軍は、軍事作戦重視の思考に固執し、ロジスティクス全般を軽視していた。

当然ながら、ドイツ軍は「システムとしてのロジスティクス」の構築に失敗した。ロジスティクスとは「フロー《流れ》」であるが、ドイツ軍は、物資の流れを確保——連結——できなかったのである。

総じてドイツ軍は、ロジスティクスに対する認識が不足していたと結論できよう。

第6講

「砂漠の狐」ロンメルとロジスティクス

一般にロジスティクスの歴史とは、軍隊が次第に現地調達への依存状態から脱却する過程《プロセス》を示唆する。

だが、イスラエルの歴史家マーチン・ファン・クレフェルトの主著『増補新版　補給戦』の第6章「ロンメルは名将だったか」では、第二次世界大戦の北アフリカ戦線を事例に、その過程が決してリニア、すなわち直線的なものではなかった事実が論じられている。

実際、21世紀の今日では、あたかもその流れが逆戻りしているかのようにも思われる。

北アフリカの戦い

1939年9月の第二次世界大戦開戦時の北アフリカでは、イタリアが植民地として現在のリビア及びエチオピアを領有する一方、エジプトはイギリスの事実上の植民地であった。また、同地のモロッコやアルジェリアなどフランスの植民地は、同国のドイツへの降伏の後、ヴィシー政権の統治下にあった。

そうしたなか、仮にイタリアがエジプト攻略に成功すれば、石油が豊富なアラビア半島へ進出する手掛かりが得られる。一方、ヨーロッパ東方戦線で「バルバロッサ」作戦——ソ連に対する戦い（1941年6月〜）——を実施中のドイツ軍の一部は、コーカサス地方を目標に進撃しており、これが予定以上に進めば、北からアラビア半島に到達することも可能となる。その結果、イギリス本国とインドとの連絡線を切断できるかもしれない、とイタリアとドイツは期待する一方、イギリスはこれを絶対に阻止しなければならなかった。そしてこうした状況の下、北アフリカの戦いが展開されていくのである。

北アフリカでの戦いにおいては、イギリス軍がエジプトにかなり大規模な基地を有していた一方で、ドイツ軍は最も基本的な必要物資でさえ完全に海上輸送に依存していた。実にエルウィン・ロンメル指揮下の「ドイツ＝アフリカ軍団（ＤＡＫ）」が消費する物資はすべて、イタリアから地中海を経由して船舶で運ばれてきたのである。

だが、クレフェルトによれば、これがロンメルの抱えた問題の本質ではなかった。

実は、ロンメルを悩ませた2つの主たる問題とは、港湾の能力不足とアフリカ内陸地域での輸送距離の長さであった。そうしてみると、地中海の「護送船団の戦い」の重要性を説く従来の歴史解釈は極めて誇張されたものなのであろう。おそらく１９４１年末の時期を除けば、地中海での海と空の戦いが北アフリカの戦況に大きな影響を及ぼすことなどなかったのである。

北アフリカ戦線の戦略環境

北アフリカ戦線においては、やはりロジスティクスをめぐるイギリス（連合国）側とドイツ（枢軸国）側の対応の差が決定的であったように思われる。

仮に、輸送船が地中海を無事航行できたとしても、枢軸国軍の最大の補給港であるリビア西部のトリポリから決戦場となったエル・アラメインまでは約２０００キロメートルの距離があり、揚陸能力の劣るベンガジからでも約９００キロメートル離れていた。当然ながら、ドイツ軍には利用可能な鉄道など存在せず、そのほぼすべてを車両輸送に頼っていた。確かに、船舶による地中海の沿岸輸送も行われたが、ごく小規模に留まった。

他方、イギリス軍は主要な港湾であるアレキサンドリアからエル・アラメインまでは約１００キロメートルにすぎず、整備された鉄道を運用することも可能であった。その結果、燃料や弾薬に代表される物資の補給量は、ドイツ軍とは比較できないほど大きなものとなり、実際、イギリス軍指揮官バーナード・モントゴメリーは、この優位性を最大限に活用して戦いに勝利したのである。

エルウィン・ロンメルとロジスティクス

では、北アフリカの戦いにおける指揮官としてのロンメルの資質はどのように評価できるのであろうか。

なるほど、戦車の運用に関するロンメルの豊富な知識、そして実際に北アフリカ戦線で証明した彼の能力は高い評価に値しよう。こうした戦いでの活躍の結果、ロンメルは「砂漠の狐」の異名で呼ばれることになったのである。

だが、アフリカ軍団長としてのロンメルの責務は、ただ単に戦車部隊を運用することに留まるものでなく、例えば部隊全体のロジスティクスへの配慮などが強く求められた。その意味において、北アフリカ戦線でドイツ軍が最終的に敗北した最大の原因を、ロンメルのロジスティクスに対する関心の欠如であるとするクレフェルトの主張も妥当なように思われる。

言い換えれば、大隊長や連隊長などとは異なり、師団長、軍団長、軍司令官に代表されるさらに上級の将官には、数週間から数カ月という長い期間で作戦全体を俯瞰し、ロジスティクスはもとより、部下の疲労や士気といった問題にも細かく配慮する資質が求められるのである。

1944年6月の連合国軍によるヨーロッパ大陸反攻作戦、すなわちノルマンディ上陸作戦に際して、しばしばロンメルが同じドイツ軍人から「せいぜい師団長クラスの将官」にすぎないと揶揄《やゆ》された所以であり、実際、この批判にはかなりの根拠があった。

実は、当時の多くのドイツ軍人にとっては、ロンメルの、衝動的とも思える自分勝手な行動、いわば成り行き任せの作戦、そして何よりも、運任せのロジスティクス、などを批判的に捉える見解が一般的であったのである。

いずれにせよ、北アフリカのドイツ軍は、極めて貧弱なロジスティクスの線《ライン》の最先端で戦うことを余儀なくされ、とりわけ機甲部隊は物資や燃料不足の結果、十分な態勢を整えることができなかったことは事実である。

ロンメルの回顧録は彼の死後、第二次世界大戦が終結してから刊行されたが、そのなかで彼は指揮官は補給に細心の注意を払い、ロジスティクスの担当者には自発的に準備を進めるよう命じるべきであると述べている。だが、これは彼の本心とも、歴史の真実とも異なるように思われる。現実にはロンメルは、作戦面での見通しとロジスティクスの可能性を比較検討した結果、しばしば後者を無視したのである。

ロンメルのロジスティクス軽視

最終的にロンメルは北アフリカ戦線で敗北するが、それはアドルフ・ヒトラーの戦争指導の責任ではなく、やはりロジスティクスに対するロンメルの配慮の欠如が原因であった。結局、北アフリカ戦線での戦いに関しては、何度にもわたってロンメルがヒトラーの命令に抵抗し、自らの基地から適当な距離――兵站支援限界――を超えて攻撃を試みた事実こそ、問題視されるべきなのである。

おそらく彼は、ロジスティクスといういわば裏方の目立たない任務にはあまり関心を示していなかったのであろう。また、そもそもロジスティクスという領域は、ロンメルが得意とした「大胆さ」や彼の決断力だけでは解決し得ない問題を多々内包しているのである。

その意味では、ロンメルが正式な上級参謀教育を受けた経験がなかったとの事実は、少なくとも北アフリカ戦線では、負の方向に作用したと言える。もちろん、第二次世界大戦を通じた戦車の運用で示された彼の能力には、この事実が正の方向に作用したのであろう。

後にロンメルは、１９４２年７～11月のエル・アラメインの戦いでの敗北の原因について、イギリスの空軍力の圧倒的な優位性とドイツ軍の悲惨な補給状況を挙げたとされるが、少なくとも後者の責任の一端はロンメル自身にある。

繰り返すが、北アフリカのドイツ軍が、極めて貧弱なロジスティクスの線《ライン》の最先端で戦うことを余儀なくされたのは事実である。

なるほど、かつて多くの歴史家は、リビアからエジプト、パレスチナ、シリア、イラクを経てペルシア湾にまで侵攻するとのロンメルの計画をヒトラーやドイツ軍中央が支援していれば、彼はイギリスとの戦いに勝利できた可能性があると主張していた。事実、ロンメルは自らが残した覚書のなかで、ドイツ軍中央がロジスティクスをめぐる問題を解決することに失敗したとの批判を繰り返している。

だが、近年ではこうした歴史解釈は否定されており、逆にヒトラーが地中海を最優先の戦場と考えなかったことは妥当であったとの評価が主流である。実際、ロンメルの批判に対して例えば当時のローマ駐在のドイツ大使館付武官は、この問題はそもそも最初から解決困難であったと反論している。

地域の状況とロジスティクス

また、クレフェルトはやはり『増補新版　補給戦』の第6章で、ドイツ軍の糧食がアフリカの暑さに不向きであったと指摘する。なぜなら、脂肪分が多すぎたからである。その結果、ドイツ軍人が北アフリカに2年以上滞在すれば必ず健康を損なうと考えられていた。

さらにクレフェルトによれば、ドイツ製エンジン、とりわけオートバイのエンジンは過熱しやすく、故障しやすかった。これは戦車のエンジンも同様で、その寿命は予想以上に短かったという。加えて、ドイツ軍とイタリア軍の兵器は規格が異なっていたため、保守や修理には困難が伴った。

ロンメルは1941年春、ヒトラーやドイツ軍中央の明確な命令に抵抗して、北アフリカ戦線でイギリス軍に対する攻撃を開始している。ドイツ軍はイギリス軍をリビア西部から追い出し、逆にトブルクを包囲した。そこでは、当初の攻撃ではトブルクからイギリス軍を追い出すことはできなかったものの、最終的にはこれに成功、エジプト国境を越えたサルームという地点まで進撃した。

だがクレフェルトは、「このロンメルの進撃は、戦術的には輝かしいものであったが、戦略的には大失敗であった」との厳しい評価を下している。

なぜなら、「決定的な勝利を獲得できなかった一方、ただでさえ伸び切った補給線《ライン》に、さらに700マイルを加えることになったからである。OKH〔ドイツ陸軍総司令部：引用者注〕が予測したように、この負担はあまりにも大きく、ロンメルの後方部隊はこれに耐えることができなかった」からである。

ロジスティクスによる支援の限界

さらにクレフェルトは、「北アフリカ戦線でのロジスティクスの危機は、必ずしもマルタ島のイギリス軍の戦闘能力を奪うことに失敗したからではなかった。補給がピークに達した〔1941年：引用者注〕5月でさえも、アフリカへの輸送途中で損失を受けたのは、荷積みした補給船のうち僅か9％に過ぎなかった」と述べている。

同時に、「だが一旦攻撃が開始されると、手元にある手段だけではトリポリから前線までの広大な場所に橋を架けることはできなかった。その結果、〔トリポリ港の：引用者注〕桟橋には補給物資が滞る一方、最前線では不足が生じた」のである。

こうした状況を受けて、クレフェルトは次のように結論を下している。すなわち、「ロンメルは自らの進撃によって自らを窮地に陥れたのである。ベンガジ港の能力が制限されていたため、今の地点に留まることは考えられなかった。退却すると、OKHの妥当性を認めることになる。OKHには今ではロンメルが気が変になったと考える者もいた。こうした危機から脱出する唯一の方法は、トブルク港を攻撃し、占領することであった」。

ロンメルの要求にもかかわらず、1941年6月のヨーロッパ東方戦線における独ソ戦の勃発後、既にドイツはソ連軍との戦いに完全に関与しており、彼の要求を認めれば、それは、北アフリカのドイツ軍がさらに大量の補給物資を必要とすることを意味した。ドイツ軍中央からすれば、これは絶対に応じられない要求であった。

地中海をめぐる戦況

それ以上に、北アフリカで戦うドイツ軍の背後で、地中海をめぐる戦況は彼らにとって極めて不利になりつつあった。

例えば、これまで北アフリカへと向かう輸送船をシチリア島の基地から保護していたドイツ軍航空部隊の大部分が、1942年6月初頭にはギリシアへと移動した。その結果、マルタ島などに基地を構えるイギリス海軍及び空軍は、いわゆる行動の自由を大幅に確保することになる。事実、その後、枢軸国側の輸送船の損害は増大している。

また、同年9月にはベンガジがイギリス空軍に爆撃され、枢軸国の輸送船はトリポリへと向かうことを余儀なくされた結果、ロジスティクスの線《ライン》が約4倍に伸びている。

なるほど、補給物資をギリシアから直接、リビアに輸送することも検討された。だが、この方策を用いれば、ギリシアの港湾までは単線の鉄道に依存しなければならないうえ、この鉄道は常に連合国軍の攻撃の対象とされていたため、現実的ではなかった。また、ドイツ軍にとって緊急を要する物資を空中から補給する試みもなされたが、航空機不足のため、ほとんど成果は上がらなかった。

枢軸国内での対立

こうしたなか、イタリア軍への不満を強めたロンメルは、同軍の非効率性を厳しく批判するとともに、ドイツ軍が北アフリカの戦いのロジスティクスの任を負うべきであると主張した。ロンメルは自らの責任を転嫁するため、しばしばイタリア軍に批判の矛先を向けているが、ドイツ海軍もこれに同調し、イタリア軍がトリポリに固執するのは、戦後に備えて船舶を温存しているのではないかとの強い疑念を表明した。

他方、OKHは、ドイツ空軍が地中海東部の目標を優先しており、輸送船の保護を疎かにしていると自国の空軍に対する批判を強めている。

その一方でイタリア軍は、トリポリ港を使用することは敵の分断のためにも必要な措置であり、同国海軍にはマルタ島のイギリス軍を攻撃するための燃料が不足しているため、この任務はドイツ空軍が担当すべきであると主張した。

このように、ロジスティクスをめぐるイタリア軍とドイツ軍の対立、さらには、ドイツ軍内での対立は、時期を経るとともに激しくなり、解消することはまったくなかった。

ロジスティクスの線《ライン》の脆弱性

前述したように、クレフェルトは『増補新版　補給戦』で、ロンメルが直面した問題は必ずしもイタリア本土から届く補給物資の不足に起因するわけではなく、北アフリカでの非常に長いロジスティクスの線《ライン》が原因であったと強く主張する。例えば、貴重な燃料の10%が、残りの90%を運搬するためだけに必要とされたという。

確かに、1941年11月頃から開始されたイギリス軍の攻撃の結果、北アフリカ沿岸部のロジスティクスの線《ライン》は安全ではなくなった。イギリス軍の航空機及び装甲車両は、ドイツ軍のトラック輸送部隊に多大な損害を与え、実際にその輸送能力は半減したのである。また、輸送部隊の移動は夜間に限定されることになった。

こうした厳しい状況を受けてロンメルは、遂に退却を命じたのであるが、皮肉なことには、この退却によってドイツ軍の補給距離が大きく縮まり、状況は好転することになる。

一方、ヒトラーは周囲の多数の反対意見にもかかわらず、潜水艦（Uボート）の地中海派遣を決定し、さらには、ヨーロッパ東方戦線から部隊を引き抜いて地中海のドイツ空軍を増強する方針を決定した。

こうしたなか、1941年12月10日、日本軍による真珠湾奇襲攻撃を契機としてアメリカが第二次世界大戦に参戦した。そして、これとほぼ同じ時期にドイツ軍は、ヨーロッパ東方戦線での進撃を阻止され、ソ連軍の反撃が始まった。

ここでドイツに残された選択肢とは、ヨーロッパ西方戦線の連合国軍がその資源を集中させる前に、総力を集結して東方戦線のソ連軍を撃破することであった。そのため、こうした状況の下で北アフリカでの新たな作戦を実施することには、大きな疑問が生じる。

だが、新たな作戦を実施すれば北アフリカのドイツ軍のロジスティクスは崩壊するとの警告にもかかわらず、1942年、ロンメルは攻撃を強行し、1月下旬には再びベンガジを占領したのである。

北アフリカの戦いとは何だったのか

クレフェルトは、北アフリカの戦い全般の教訓として、以下の興味深い点を挙げている。

①ロンメルのロジスティクスをめぐる困難は、常に北アフリカの港湾能力が限られていたことから生じた

②いわゆる「護送船団の戦い」を重視する見方は誇張されている。おそらく１９４１年11～12月を除けば、地中海中部での海対空の戦いが、北アフリカの戦況に決定的な影響を与えたことは一度もなかった

③マルタ島を占領しないとの１９４２年のドイツ軍の決断は、北アフリカでの戦いの結果に対しては重要ではなかった。それ以上に重要なことは、トブルク港があまりにも小規模であり、またエジプトからのイギリス空軍の攻撃に対して、抵抗できなかったことであった

④アフリカ内陸を走らなければならない距離の長さは決定的であった。この距離は、ソ連戦線を含めてこれまでドイツ軍がヨーロッパで経験したものをはるかに超えており、さらには、トラック輸送部隊の数が少数に留まっていた。確かに、１９４２年には多少の沿岸海上輸送が実施されたが、イギリス空軍が制空権を保持していたため、効果は限定的であった

かつて多くの歴史家は、1942年夏から秋にかけてのロンメルの敗北は、イタリアからの燃料が得られなかった、あるいは輸送船が多数撃沈されたことなどが原因であると主張していたが、クレフェルトの見解を踏まえれば、こうした議論にはあまり根拠がないように思われる。

結局のところ、北アフリカには、限定された地域を守るために戦力を派遣するとのヒトラーの当初の決定は妥当であった。そして彼がロンメルを十分に支援しなかったとの議論も、著しく妥当性に欠けるように思われる。事実、ロンメルには北アフリカで維持可能な最大限の戦力が与えられ、時にはそれ以上が与えられていたのである。

そのため、仮に北アフリカ沿岸でのロジスティクスの線《ライン》の確保が困難であったとすれば、その責任の大半はロンメルが負うべきである。いわゆる「過剰拡大《オーバーストレッチ》」であり、これは常に戦いの歴史のなかで指揮官を悩ませた問題である。

後年、ロンメルは以下のように語ったとされるが、これもにわかには信じ難い。すなわち、「軍隊が戦闘の緊張に耐えるためには、最初に不可欠の条件として武器、石油、弾薬を十分に蓄えることである。実際のところ撃ち合いが始まる前に、戦闘は兵站将校によって行われ決定されるのである。如何なる勇敢な兵士といえども、銃なしでは何事も成し得ず、銃は十分な弾薬なしには何事もできない。だが機動戦においては、車両とそれを動かす石油が十分になければ、銃も弾薬も大して役には立たない。保守修繕も、敵のそれに対して量的にも質的にも同等でなければならない」。

今日へのインプリケーション

では、第二次世界大戦の北アフリカの戦いでのロジスティクスから、いかなるインプリケーションが得られるであろうか。

第1に、ロジスティクス全般についてであるが、ドイツ軍のロジスティクスは、総じて作戦主導の思考に固執しており、ロジスティクスあるいは補給を軽視していたことは事実である。また、それゆえドイツ軍が、システムとしてのロジスティクスの構築に失敗した点も挙げられよう。補給は「流れ《フロー》」である。だがドイツ軍は、港湾及び港湾施設に代表されるように補給の流れ——連結——の確保に失敗したと言わざるを得ない。

第2に、北アフリカの戦いに固有の要因については前述とも重複するが、総じてドイツ軍人はロジスティクスに対する知識が欠如していたように思われる。ロジスティクスの重要性への認識不足とも言える。これはロンメルの思考に象徴的に表れており、実際、北アフリカの戦いの敗北には、彼の個人的な資質が果たした役割が大きかったように思われる。

第3に、ロジスティクスあるいは補給の「流れ」を維持するためには、制海権や制空権の確保が不可欠である。すなわち、地中海での制海権及び制空権、さらには、北アフリカ沿岸の港湾から最前線までの制空権、をドイツ軍が確保できなかった事実が、北アフリカの戦いでの敗北につながった一因であったのである。

第4は、インテリジェンス（情報）の重要性である。精密なロジスティクス計画を作成しそれを計画通りに実施するためには、正確なインテリジェンスが不可欠となる。インテリジェンスとロジスティクスは相互補完関係にある。だからこそ、主要諸国で参謀本部制度が確立される初期の時期には、インテリジェンス部署とロジスティクス部署は、オペレーション（作戦）部署よりも重視されていたのである。

第5に、今日のように技術が著しく発展した状況においても、「距離」という要因の重要性は変わらない。北アフリカの戦いで明確に示された事実は、味方の侵攻が進めば進むほどロジスティクスが困難となった結果、戦いがあたかもシーソーゲームのような様相を呈したことである。

おわりに

ロンメルが率いる機甲部隊が戦いを継続するためには、膨大な量の補給物資が必要であり、燃料がなければ戦車は前進できず、弾薬が不足すれば戦うことができないことなど自明であった。加えて、この地域では水の確保は最低限必要なことであった。

その意味において、「砂漠の狐」ロンメルの責任は極めて大きいのである。

第7講

ノルマンディ上陸作戦とその後のロジスティクス

1944年6月6日、連合国軍はついに長年にわたって準備を進めてきたヨーロッパ大陸への反攻作戦、フランスのノルマンディ海岸への上陸作戦「オーバーロード」を開始した。これは、ヨーロッパ東方戦線でドイツと戦うソ連が久しく待ち望んでいた「第二戦線」の構築も意味する。

この上陸作戦の様相については広く知られている。事実、今では戦争映画の傑作と評価される「史上最大の作戦」以外にも、映画「プライベート・ライアン」やテレビドラマ「バンド・オブ・ブラザース」などがこの上陸作戦を主題としている。

1. ノルマンディ上陸とは何か

ヨーロッパ大陸への反攻作戦

ノルマンディ地方の防衛を担当するドイツ軍のエルウィン・ロンメルは、戦いの勝敗は水際で決まり、仮に連合国軍を押し返す機会があるとすれば、上陸時しかないと考え、連合国軍の上陸後24時間が決定的になるとした。実は、映画「史上最大の作戦」の原題“The Longest Day”は、彼が副官に対しその24時間（1日）がドイツにとっても連合国側にとっても「最も長い1日」になるであろう、と述べた事実に由来する。

ノルマンディ上陸作戦は、3個の空挺師団（アメリカ2個、イギリス1個）とアメリカ、イギリス、カナダの6個歩兵師団を基幹として実施された。もちろん、この作戦を支援するために多数の海軍艦艇、航空機、さらには工兵部隊やロジスティクス担当部隊なども参加している。

迎え撃つドイツ軍は連合国側の事前の欺瞞及び陽動作戦に振り回された結果、フランス北西部全域の海岸を防御することになった（いわゆる「大西洋の壁〈アトランティック・ウォール〉」）。さらにはこの上陸作戦が始まってからも、ノルマンディは陽動であり、連合国軍の主攻はイギリス本土から最短距離のパ・ド・カレーではとの思いに揺れていた。頼みの機甲部隊も、ヒトラーの指示の下でフランス国内に広く分散配置されていた。

ドイツにとって唯一の望みであった機甲部隊による反撃は同国の政治及び軍事指導者の対応の遅さの結果として失敗、連合国軍の増援部隊は続々と上陸に成功した。そして、6月10日までには5カ所の上陸海岸の橋頭堡（海岸堡）が連結され、一つの大きな拠点を形成するに至ったのである。

長い準備期間

広義の意味においてノルマンディ上陸作戦の準備は、1940年6月の「ダンケルクからの撤退」直後から始まっていた。イギリスは既に6月には、ヨーロッパ大陸への反攻を目的としてコマンド部隊を編成し、それをノルウェーやフランス海岸地域で運用、試行錯誤を繰り返しながらも着実に実戦経験を積んだのである。

また、1942年8月にはカナダ軍と合同でディエップ上陸作戦を実施した。この作戦は大失敗に終わったが、こうした実戦での「教訓」がノルマンディで活かされたとされる。

フランス北西部からヨーロッパ大陸への反攻作戦に関するより具体的な構想は、1942年初頭からイギリスとアメリカの間で議論されており、そこでは軍事上の様々な不備——例えば上陸用舟艇の絶対的な不足——が明らかになるとともに、両国の国家戦略が対立したものの、最終的にはイギリスが主張した「地中海戦略」——「間接アプローチ戦略」（バジル・ヘンリー・リデルハート）——が優先され、ヨーロッパ大陸への反攻は遠のいたかのように思われた。

だがそうした戦略環境下でも、1943年には「オーバーロード」作戦の実施が決定された。当初は1944年5月1日を予定していたが、事情により6月5日に延期された。しかし、現実には悪天候の影響でさらに1日延期され、6月6日となったのである。

作戦決行までの間、数多くの欺瞞及び陽動作戦（そのなかでもジョージ・S・パットン将軍の「第1軍集団」は有名）が実施され、また、フランスのレジスタンス組織が提供するインテリジェンス（情報）や航空偵察から得られた写真、さらにはドイツ側の暗号解読や「二重スパイ」から得られた情報などをもとに作戦の細部が詰められた。

また、準備期間中は、爆撃機を用いた空爆をあえて広範囲——上陸地点をドイツ側に悟られないため——に実施するとともに、作戦に参加する多数の兵士と糧食及び物資がイギリス南部に集結、兵士に対しては厳しい訓練が施されたのである。

2. ノルマンディへの道——事前の周到な計画と準備

技術力

それでは以下で、この上陸作戦を成功に導いた様々な要因について考えてみよう。

最初に技術の力であるが、ノルマンディ上陸作戦に際して連合国軍は、兵器はもとより、弾薬や車両などの必要数を細かく計算し、これらを集積、さらにはこれらを目的地まで輸送するための大規模なシステムをつくりあげることに成功した。まさに、「システム・エンジニアリング」の勝利であった。また、オペレーションズ・リサーチ（OR）の手法が上陸作戦計画の立案に用いられたという。

より具体的には、例えば作戦に用いられた上陸用舟艇は基本的には木造であったが、これはヒギンズの発案であった。また、人工埠頭「マルベリー」の組み立ては、連合国側の技術力の勝利を明確に示すものであった。

ディエップ上陸作戦の教訓、すなわち陸揚げされた通常型の戦車が海岸でまったく運用できないとの苦い経験は、いわゆる「特殊戦車」を開発する契機となった。そして、その中心人物がイギリス陸軍のパーシー・ホバートであった。ホバートは、1930年代からイギリスにおける戦車及び機甲戦の推進者としてその頭角を現していた。そして彼の創造力の結果として、水陸両用戦車、地雷処理戦車、火炎放射戦車などの特殊戦車が開発されたのである。

ロジスティクス

15万もの戦力を、海を越えて敵地に上陸させるために必要とされるロジスティクスの側面での準備の難しさは、容易に想像できるであろう。

当時、兵士一人について一日当たり銃弾96発、糧食3キロ、水9リットルが必要とされ、2週間ごとに新たな消耗品の支給が必要とされたという（以下の記述は、「NHK BS世界のドキュメンタリー『ノルマンディ上陸作戦のすべて』」の内容に負うところが大きい）。

つまり、毎月1トンもの補給物資が必要であり、また兵士が1メートル進むごとに18名の支援チームが必要であるとされた。これには、炊事係や衛生係なども含まれている。さらに前線の部隊は、200日ごとにその全員を入れ替える必要もあった。

こうして結局、計1800万トンもの物資がアメリカから大西洋を越えて輸送されたとされる。ここに、連合国軍側が「大西洋の戦い」で勝利したことの意味が理解できるであろう。

こうしたロジスティクス面での必要性の結果、ノルマンディ上陸作戦の実施に際してはドイツ占領下フランスの港湾を占領することに加えて、2つの人工埠頭（桟橋）――マルベリー――の建造が不可欠とされたのである。

この埠頭はそれぞれ一度に75隻の艦船の接岸が可能であったとされる。マルベリーは既に上陸作戦の半年前からイギリスで建造が始まっていた。同国からは輸送船に載せることなく、曳航して運んだ。基本は大きなコンクリート・ブロックであり、これを用いて桟橋や防波堤を現地で組み立てたのである。

このように、ロジスティクス面での計画と実施には連合国軍の技術力と工業力、さらに農業生産力が総動員されたのであり、まさに総力戦であった。

だがその一方で、連合国軍の周到なロジスティクス計画がかえって裏目と出て、作戦そのものが破綻する直前であったとの厳しい評価があることもまた事実である。

上陸作戦に向けた最終調整

では次に、ノルマンディ上陸作戦に向けての実際の準備作業について概観しておこう。

前述したようにノルマンディ上陸作戦は、既に上陸前からその戦いが始まっていた。1943年には作戦の実施が決定され、当時は支援部隊を含めて約25万、約7000隻の艦艇が参加予定であった。今日、従来の史料調査や戦跡調査に加えて、上陸地点の戦いの残骸の海底調査などが進んだ結果、戦いの実相がさらに明らかになりつつある（これについては、「NHK BSドキュメンタリー番組『海底調査で蘇るD－day』」などを参照）。

第二次世界大戦においてノルマンディ上陸作戦は、その規模において最大級であり、かつ最も複雑な作戦の一つになった。そこでは技術的可能性、戦力を集中させる方策、用いられる戦略や戦術、ロジスティクスをめぐる問題など、大きな問題が待ち構えていたのである。

例えば、ノルマンディ地方の海は潮の干満差が大きい。海岸線は長いものの、断崖が多い。また、同地方には大規模な港湾が存在しない。それでも他の候補地と比較検討された結果、いわば消去法でノルマンディが選ばれた。他の候補地は潮の流れがさらに激しいか、あるいは、ドイツ軍の防御が強固であったためである。

連合国側はノルマンディの地形などについて小型潜水艦による沿岸調査を行うとともに、航空写真を活用した。またドイツ軍部隊の動向などについては、フランス国内のレジスタンス組織からインテリジェンス（情報）を得ていた。レジスタンスには約80の情報網があったとされる。加えて、二重スパイの活動も記録されている。

また、ドイツのベルリンから東京へと発せられる日本の外交暗号通信、さらには日本陸海軍の暗号通信の解読にも連合国側は成功していたため、ここでもドイツ軍の意図は完全に筒抜けであった。

とりわけイギリス本土では、イギリス軍及びアメリカ軍を中心として上陸訓練が繰り返し実施されるとともに、様々なブリーフィングを行うことで作戦の狙いが兵士に徹底された。地図はもとより、「砂盤」も用いられたという。事実、イギリス南西部はアメリカに「占領」されたイギリスとの皮肉が聞かれるほど、多くのアメリカ軍人が同国に駐屯していたのである。もちろん、上陸地点には湿地や沼地が多く存在する事実も、兵士に周知徹底されていた。

上陸作戦の実施が近づくにつれて、ノルマンディ海岸全域の詳細な地図が作成されたが、もちろんこうした秘密は厳重に保全された。なお、地図の作成には、やはりフランスのレジスタンスが協力していたとされる。

戦力の維持——マルベリーとプルート

上陸作戦が成功するためには、上陸そのものの重要性もさることながら、兵士と物資を補充することで戦力の維持を図ることが必要とされた。そしてこれらは、基本的にはノルマンディ地方の海岸から陸揚げされなければならなかった。

マルベリーの建造には大量のコンクリートや鉄鋼、さらには多くの作業員が必要とされたため、１９４３年12月にはその建造が着手された。

その一つは、アメリカ軍が上陸予定のオマハ海岸に近いサン・ローラン・シュル・メールで、もう一つは、イギリス軍が上陸予定のゴールド海岸に近いアロマンシュ・レ・バンで組み立て予定とされた。ノルマンディ地方には大規模な港湾が存在しなかったため、人工埠頭が考案されたのである。

これは、まさに技術力の勝利であった。海の上で浮桟橋を組み立てるとともに、多数の老朽艦を沈め、さらにはコンクリート・ブロックを用いて波を防いだうえ、人工埠頭が構築されたのである。

言うまでもなく、連合国軍がイギリス本土及び英仏海峡の制空権を完全に確保していた結果、イギリスの港湾及び鉄道網がドイツ軍による攻撃を受けることはなかった。また、イギリス本土の南西部では、極めて効果的な完全灯火管制が敷かれていたため、マルベリーを組み立てるための「部品《パーツ》」が攻撃を受けることはなかった。

さらには「プルート」と呼ばれる海底の送油管が施設されたが、実際の作業はシェルブール港を占領した後に始まった。プルートは実際に20本施設され、運用されたという。

周到な計画

ノルマンディ上陸作戦に際して連合国軍は、第1に、ドイツ軍が上陸地点を特定できないよう徹底して策を講じた。

第2に、上陸作戦に先立って連合国空軍及び航空部隊によって実施された徹底した爆撃は特筆に値する。これによって、ドイツ空軍をほぼ無力化することに成功するとともに、鉄道や橋梁など交通システムに対する爆撃の結果、ドイツ軍の予備部隊の移動を困難にし、最前線へのロジスティクスあるいは補給に打撃を与えたのである。

第3に、大規模な戦力と大量の物資を数週間にわたって輸送し続けるそのロジスティクス計画、とりわけ海軍艦艇及び輸送船を用いたロジスティクス・システムの充実が挙げられる。もちろんこれには、上陸用舟艇などの準備も含まれる。

個人が携行すべき装備は多く、40キロ近い背嚢《はいのう》を背負うことになった。また、実際に歩兵部隊が上陸用舟艇から降りたのは海中であり、重装備で約500メートルも海中及び海岸を歩く必要に迫られたのである。

この上陸作戦は、艦砲射撃や空爆の実施に際して計画に対する厳格な時間管理が特徴であり、また、上陸用舟艇の運用などではいわゆる「ベルトコンベヤー方式」が用いられた。もちろん、細部にわたるロジスティクス計画もその大きな特徴であった。

また、上陸部隊がドイツ軍の強い抵抗に遭遇した地点では、進軍できない兵士が海岸線に溢れ、沖合では上陸を待つ舟艇による「交通渋滞」が発生したが、そうした混乱のなかでもイギリス軍においては、上陸した海岸で「ビーチ・マスター」が大いに活躍した。この軍人は、いわば混雑した交差点での交通整理の役割を果たしたのであり、映画「史上最大の作戦」でも好意的に描写されている。

上陸作戦後

部隊の上陸後は直ちに、人工埠頭「マルベリー」、そして海底の石油パイプラインである「プルート」が施設された。

だが、上陸作戦後の6月19日以降の暴風雨によって2カ所のマルベリーは破壊され、アメリカ軍地区のものは放棄されたが、イギリス軍地区のものはその後もどうにか維持された。そしてこのアロマンシュ・レ・バンの人工埠頭からは、その後の3カ月間で約250万もの兵士が上陸しており、まさにその後のヨーロッパ大陸における戦いの大きな拠点となったのである。

Dデイ以降、引き続き連合国空軍及び航空部隊は橋や幹線道路、さらには交通システム全般の破壊に努める一方、ドイツ軍の増援を阻止するためのいわば戦術航空作戦――航空阻止及び近接航空支援――に徹した。また、航空機と戦車を中核とする陸上部隊の連携も見事に図られたのである。

ノルマンディ上陸作戦後のヨーロッパ大陸での戦いで連合国軍は、最前線への物資の補給のため、「レッドボール急行《エクスプレス》」と呼ばれるロジスティクス態勢を構築した。つまり、ヨーロッパ大陸に5本の石油パイプラインを敷設し、戦いやドイツ軍による焦土作戦によって破壊された幹線道路及び鉄道網そして橋梁などを修理しながら、最前線への物資の移送に成功したのである。

併せて、連合国軍は大規模な空輸作戦も実施した。これは、1991年の第一次湾岸戦争でアメリカを中核とする多国籍軍が、トラックなどを効率的に運用し物資の前送を成功裡に実施したものの、いわば先駆けとなる作戦であった。

戦略爆撃や航空阻止によるドイツ軍ロジスティクスに対する攻撃

1944年9月、従来の連合国軍によるヨーロッパ大陸での航空阻止作戦は、新たな「輸送計画」によってさらに大幅に補強された。

イギリスの軍人アーサー・テッダーによって主唱され、その後、彼の主任顧問ソリー・ザッカーマンによって綿密に立案された新たな「輸送計画」は、操車場、機関車車庫、線路、橋梁、運河などのドイツ全土の交通、通信、運輸網を破壊することを企図しており、この時期の爆撃計画のなかで、石油関連に次いで2番目に高い優先攻撃目標として選出されていた。

そして、連合国軍がライン川に迫る頃にはこのテッダーの「輸送計画」は絶大な効果を表し始め、ドイツ全体の後方連絡線《ライン》、地上の指揮及び通信機能を完全に無力化し、事実上、ルール地方をドイツから孤立させた。

1944年春から秋にかけて展開されたこれらの航空阻止作戦の成功が、それ以前に実施されたドイツに対する戦略爆撃によって得られた完全な制空権あるいは航空優勢に多くを負っている事実は疑いない。戦略爆撃はヨーロッパ大陸での「戦闘空間」を見事なまでに規定したのである。

また、第二次世界大戦ヨーロッパ戦線が最終局面を迎える頃、連合国軍はドイツの石油精製施設が同国の「アキレス腱」である事実を理解し、こうした施設に対して執拗なまでの攻撃を始めた。

加えて、アメリカの軍人カール・スパーツが主導した「オイル計画」に沿って1944年5月に初めて、連合国軍、とりわけアメリカ陸軍航空部隊は、ドイツ国内に留まらずルーマニアの合成石油産業に対して大規模な戦略爆撃を実施したのである。

3．ノルマンディ上陸作戦のロジスティクス

クレフェルトの厳しい評価

イスラエルの歴史家マーチン・ファン・クレフェルトは、主著『増補新版　補給戦』の第7章「主計兵による戦争」で、歴史上、指揮官が政治状況や戦略条件の変化の結果として、理想的とされる数量及び種類に近い物資を用いて戦争を遂行することなど不可能であった事実、そして、まさにこの理由によって指揮官に高い個人的資質が求められる旨を強調している。

その資質には例えば、適応性、機転、即応能力などが含まれようが、そのなかでもとりわけ重要な要素が決断力であると、彼はプロイセン（ドイツ）の戦略思想家カール・フォン・クラウゼヴィッツに極めて近い戦争観を提示している。

同章は、１９４４年6月のノルマンディ上陸作戦をロジスティクスという側面から考察したものであるが、この作戦においては、ロジスティクス・システムのすべての組織が互

いに完全に調和することを求めるあまり、計画が厳密かつ詳細になりすぎた事実が問題視される。

クレフェルトによれば、これは、複雑な人為的準備の価値をあまりにも過大に評価する一方、決断力、さらには常識や即応の有用性を過小に評価した典型的な事例である。換言すれば、クラウゼヴィッツの言う「摩擦」の要素に対する配慮の欠如である。「計画の最大の欠点は戦争に必然的に伴う『摩擦』に対して十分な用意がなかったことである。浪費を恐れるあまり計画の窮屈さが、逆に浪費を生んだのである」

事実、ノルマンディにおいては、当初の90日間の包括的なロジスティクス支援計画が立案された。上陸する兵士数、場所、日時、順番が正確に決められた。加えて、海岸の障害物除去去や作戦の手順、廃棄物の捨て場所、ある揚陸方法から別の揚陸方法への切り替え点、ある梱包方法から別の梱包方法への切り替え時期、などが決められた。

また、多数の補給物資を正しい時間に正しい場所に陸揚げするため、厳密な優先順位が決められた。それに従い、あらゆる物資について集積、要求、梱包、引き渡し、分配の詳細な手順が決められた。さらに、連合国軍は数カ所の港湾を占領し、兵士や物資の陸揚げに使う予定であったため、10カ所以上の港湾の修復計画が作成された。

こうした計画がうまく進んだためノルマンディ上陸作戦は成功したと考えるかもしれな

いが、真実はそうではなかった。クレフェルトによれば、上陸作戦実施後、数時間の内にこうした順序正しく揚陸させるための計画は、大波、敵の強力な抵抗のために事実上消滅したのである。

興味深いことにクレフェルトは逆に、ノルマンディ上陸後の連合国軍による反攻作戦が成功した事実は、ロジスティクスを重視するあまり消極的になりすぎていた連合国側の戦争計画に対し、決断の重要性を改めて思い起こさせてくれるものであるとも指摘しており、あまりにも細部にわたる計画はかえって有害になり得るとの逆説――パラドクス――も指摘する。

繰り返すが、この作戦においては、ロジスティクス・システムのすべてが互いに完全に調和することを求めるあまり、計画が厳密かつ詳細になりすぎたことが問題視されたのである。

そうしてみると、ノルマンディ上陸作戦で連合国側が成功したのは、結局のところ、あらかじめ準備されたロジスティクス計画を実施したからではなく、それを無視したからであるとのやや極端な議論も可能となる。

「ルールへの進撃」

また、クレフェルトは同章で、ノルマンディ上陸作戦後のヨーロッパ大陸での戦い、特に1944年秋のいわゆる「ルールへの進撃」の可能性についてロジスティクスの観点から検討した後、この作戦の実施は不可能ではなかったとの結論を下している。

また彼は、ノルマンディ上陸後の連合国軍によるヨーロッパ大陸反攻作戦でアメリカ軍のジョージ・S・パットンが成功した事実は、ロジスティクスを重視するあまり消極的になりすぎていた連合国側の戦争計画に対し、決断の重要性を示す事例であると主張する。

『増補新版　補給戦』の第8章「知性だけがすべてではない」でクレフェルトは、再びノルマンディ上陸作戦の事例を取り上げ、この作戦の準備があまりにも細部にわたって行われたため、かえって作戦計画が前例を見ないほど保守的なもの、時として無気力なものにさえなった事実を指摘した後、連合国側が勝利したのは、あらかじめ準備されたロジスティクス計画を実施したからではなく、それを無視したからであると皮肉交じりで述べている。

おわりに

なるほどノルマンディ上陸作戦は「史上最大」と言われるものの、実は一つの時期に上陸した兵士の数だけを考えれば、前年の1943年のシチリア島上陸作戦の方が大規模である。また、単一の作戦規模でもノルマンディ上陸作戦とほぼ同時期にソ連軍がヨーロッパ東方戦線で実施した「バクラチオン」作戦の方が大きかった。

しかし、その準備段階から参加した兵士の数や準備された膨大な物資の量、さらには、英仏海峡を越えての上陸作戦の構想やその後のフランス解放といった事実を考え合わせれば、まさに史上最大の作戦との表現にふさわしい。そして、ロジスティクスの側面においては、疑いなく「史上最大の作戦」であったのである。

第8講

パットンvs.モントゴメリー

戦争指導を手掛かりにして

この第8講（章）では、第二次世界大戦ヨーロッパ戦線の戦いで活躍した代表的な軍人、アメリカのジョージ・S・パットンとイギリスのバーナード・モントゴメリーのロジスティクスを中心とした戦争指導を比較することで、その特徴について考えてみたい。

1．パットン――最後の戦士《ウォリア》

パットンとその時代

最初に、1944年6月のノルマンディ上陸作戦以降、バルジの戦いを含めてヨーロッパ西方戦線の主役の一人となったアメリカ軍人パットンについて考えてみよう。

ジョージ・S・パットンは1885年生まれ、ヴァージニア軍事学校とウエストポイント陸軍士官学校で学んだ後は騎兵将校として活躍する。彼の家系は、アメリカ独立戦争（1775～83年）など多くの戦いに参加した経験を有する軍人一家であった。

パットンは古典や歴史に造詣が深く、その意味では学究肌の軍人であったとの評価も可能であるが、彼自身は、あくまでも実践的な軍人としての姿勢を貫いている。読書家として知られ、戦争の歴史に興味を引かれた一方で、新たな軍事技術などにも強い関心を示した。

パットンはその生涯を通じてほとんど政治に関心を示さず、軍人としての立場に徹しようとした。だが、後述するようにかえってそれが、彼の政治感覚の欠如につながったのであろう。

軍人パットンの誕生

1916年のいわゆるメキシコ遠征でパットンは、ジョン・J・パーシングの参謀として初めての戦場を経験した。当初はメキシコ国境付近で騎兵による哨戒《パトロール》に、実戦ではパンチョ・ビリャ掃討作戦に参加している。

アメリカが1917年春に参戦した第一次世界大戦では、戦車部隊を指揮した。同年のカンブレーの戦い――初めて戦車が集中運用された戦い――に参加、そして1918年のミューズ=アルゴンヌの戦いで負傷している。

彼は戦車を騎兵の延長として捉えており、早くからその潜在能力に注目していた。その際、戦車の能力を最大限に活用するため、これを支援するためのロジスティクスの重要性を早くから指摘していた。

実際、彼はアメリカにおける戦車部隊の「生みの親」と評価できるほど戦車の運用について研究を続けており、そのなかでも彼が戦車と戦車を結ぶためにラジオ無線による通信に注目した点、そして、戦車の燃料（ガソリン）をいかに迅速に前線まで運ぶかについて研究した点、は特筆に値する。

第二次世界大戦——活躍の場所

第二次世界大戦でパットンは北アフリカでの作戦に参加した後、シチリア上陸作戦では、主攻であるイギリスのバーナード・モントゴメリーの部隊を出し抜く形でこの島を南北に縦断することに成功した。

興味深いことに、この頃からドイツ軍は常にパットンの動向に注目していたが、それを逆手に取ったのが、ノルマンディ上陸作戦に際してのパットンの囮《おとり》部隊の「活躍」である。

彼はノルマンディ上陸作戦そのものには参加できなかったが、その後のフランス本土での作戦ではその能力を十分に発揮した。パットン指揮下のアメリカ第3軍は、基本的にはあまり厚遇されず、補給物資の割り当てなどロジスティクスの側面でも優先されなかったにもかかわらず、短期間でフランス解放の戦いでの勝利を重ね、まさに「電撃戦」の名に値する進撃に成功した。彼の「ガソリンがなくなるまで追撃を継続せよ」との命令はあまりにも有名である。

なお、イスラエルの歴史家マーチン・ファン・クレフェルトは『増補新版　補給戦』の第7章で、パットンなどが強く唱えた1944年秋のいわゆる「ルールへの進撃」の可能性についてロジスティクスの側面から検討した後、この作戦の実施は決して不可能ではなかったとの結論を下している。

トラブル・メーカー

だが、パットンはその極端な発言や態度が原因となり、アメリカ軍内はもとより、同盟国であるイギリス軍とも摩擦や対立を引き起こした。彼は、アメリカ国民に人気の高い軍人であったことが災いし、常にメディアの注目を集める存在であった。

そのなかでも彼が、シチリア上陸作戦の際に2度にわたって野戦病院の兵士を殴打した（実際には、兵士の頭を手袋で叩いた）ことは大きなスキャンダルとなり、一時期は更迭されてしまう。

「血と腸《はらわた》」――パットンの戦争観

パットンは1944年6月に、有名な「血と腸《はらわた》」演説を行っている。

この演説の個々の内容には問題も多い一方、そこで彼が示した決然たる態度や指導者のあり方などは、今日に至るまで参考となる点も多い。また、この演説にはパットンの戦争観が鮮明に表れている。そのため、以下でその一部を抜粋しておこう。

「伝統的にアメリカ国民は、戦うことを好む。本当のアメリカ国民であれば、誰もが戦いの毒牙を愛している」。「アメリカは勝者を愛し、敗者を容赦しない。アメリカ国民は常に勝つために戦っているのだ。……（中略）……だからこそアメリカ国民は、かつて1度も戦争に負けたことがなく、これからも戦争に負けることはない。なぜなら、負けるという考えそのものが、アメリカ国民にとって嫌悪の対象となっているからである」

「私は本当に、我々と戦うことになる可哀そうな奴らに同情する。これは本当だ。我々は、ただそいつらを撃つだけではない。我々はそいつらの生きた腸《はらわた》を抉り出し、戦車のキャタピラの潤滑油として使うのである。我々は、この忌々しいドイツ野郎を大量に殺すのだ」

「今日から30年後、諸君が自分の孫を膝に抱えて暖炉に座り、孫に『あの偉大な第二次世界大戦で何をしていたの』と聞かれた時、諸君は少なくとも『そうだね、ルイジアナで糞掘りをしていた』と告白しなくて済むのである」

パットンの戦争指導――ロジスティクスを中心として

一般的に第二次世界大戦のアメリカ軍は、前線の可能な限り広い範囲で同時に攻撃を実施し、多くの地点でドイツ軍を拘束することによって、敵に対応のための機会を与えないことを旨とする戦略を採用していた。

もちろん当時はまだ、この大戦初期のドイツ軍による「電撃戦」の有用性については正当に評価されていなかったが、パットンはこうしたアメリカ軍の戦略に異議を唱え、ある一点での突破こそが有用であると唱えた。

局地的な突破とその後の敵後方への浸透という戦い方であり、「機甲戦理論」である。加えて、彼はこうした戦い方を遂行するうえで対地支援のための空軍力の重要性を十分に理解していた。事実、彼は実戦の場においても空軍力、とりわけ地上部隊に対する航空支援を重視した。

指揮官としてのパットンは、部下の独断を許容する方針を貫いた。そのために彼は、部下に自信を持たせるため様々な工夫を行っている。作戦の遂行に際して彼が、臨機応変を重視した事実は疑いない。だが、もちろんこうした方針には負の側面も備えている。実際、パットンは自らが独断で行動した結果、アメリカ軍の戦略のなかで、さらには連合国軍の戦略全体のなかで、しばしば摩擦と対立を生むことになった。

パットンに対する評価

パットンは、戦場で自らが常に主役であることを望んだ。そのため、シチリア上陸作戦ではモントゴメリーに対抗する意味でも、例えばメッシーナ攻撃ではやや強引な作戦を実施した。彼がナチス＝ドイツではなく、イギリスと戦っているとの皮肉に満ちた評価が存在した所以である。その結果、自軍兵士からの反発も強くなった。まさに、パットンはアメリカ軍兵士の「血と腸《はらわた》」で自らの栄光を勝ち取っているとの批判である。

だが彼は、あくまでも戦場での勝利にこだわった。そうしてみると、パットンは20世紀型の「軍人《ソルジャー》」ではなく、それ以前の「戦士《ウォリア》」であったのであろう。

つまりパットンは、総力戦という文脈の下での戦いの様相はもとより、指揮官のリーダーシップのあり方も変化していた事実を理解できなかった。総力戦時代の戦いでは、指揮官にはロジスティクスの側面を含めて大規模な部隊を「管理」あるいは「経営」できる能力が求められていたのであり、いわゆる「武勇」などあまり必要とされなくなっていたのである。

2. モントゴメリー——石橋を叩いても渡らない将軍？

モントゴメリーとその時代

バーナード・モントゴメリーは1887年に生まれ、1976年に死去した。イギリス陸軍元帥である。彼に授与された称号は「初代アラメインのモントゴメリー子爵」であるが、ここに彼の人生において、後述するエル・アラメインの戦いがいかに重要であったか示されている。ちなみに彼は、サンドハースト王立陸軍士官学校での幹部候補生時代、いわゆる問題児として何度も退学寸前まで追い込まれたという。

モントゴメリーは第一次世界大戦の戦場を実体験しており、そこでの反省から第二次世界大戦では、十分な準備が整うまでは決して作戦を実施しないとの方針を貫いた。その結果、一部で批判を受けたものの、現実の戦場で確実に勝利を積み重ねたことでその能力が認められた。指揮下の兵士の士気が高かったのも彼の戦争指導の一つの特徴である。実際、彼は、第二次世界大戦で最も成功した「防勢将軍」であったと評価されている。

第一次世界大戦の衝撃

1914年に第一次世界大戦が勃発すると、彼は直ちにヨーロッパ西部戦線、フランスの最前線で戦った。その際、敵の銃撃によって瀕死の重傷を負い、イギリスに帰国している。

翌年の1915年を母国で過ごしたモントゴメリーは、1916年には再び西部戦線フランスでの戦いに参加したが、そのなかでも1917年春のアラスの戦い、その後のパシャンデールの戦い（第三次イープルの戦い）は大規模かつ極めて凄惨なものとなった。事実、彼は自らの『回顧録』で、この大戦の「嘆かわしいほどの犠牲者数は私を大いに失望させた」と述べている。

なお、この大戦でモントゴメリーが指揮官として実施した、①訓練、②幾度にもわたる演習、さらには、③歩兵・砲兵・工兵の統合を追求するやり方、が最も効率的に目的を達し、かつ不必要な犠牲を出さなかった戦い方として歴史家に高く評価されている。

また、1926年に彼はイギリス陸軍大学教官となり、防御のための方策について徹底的に研究及び教育を実施したが、これが後年の第二次世界大戦で活かされることになる。

第二次世界大戦での活躍

その後、モントゴメリーはインドや中近東などで勤務した後、1939年7月にイギリスに帰国、そこで第二次世界大戦を迎えた。

この大戦の勃発とともにモントゴメリーは、英国ヨーロッパ大陸派遣軍の師団長としてフランスに赴任するが、1940年春の西方戦線でのドイツ軍による「電撃戦」の結果、ダンケルクからの撤退を余儀なくされた。軍団長に昇進していた彼は、この撤退作戦を見事に成功させ、高く評価された。

1942年8月、モントゴメリーは北アフリカ戦線で第8軍司令官に任命された。この北アフリカの戦いにおいて彼は、有名なエル・アラメインの戦い、さらにはこの戦いの前哨戦と位置づけられるアラム・ハルファの戦いで成功を収め、最終的にはエルウィン・ロンメル――砂漠の狐――指揮下のドイツ軍を敗北へと追い込んだ。

アラム・ハルファの戦いでは、モントゴメリーの堅実な防御作戦、とりわけ敵のロジスティクスの線《ライン》に対する攻撃が成功した。その後のエル・アラメインの戦いでは、十分な物資と要員を揃えた後、攻勢に転じて決定的な勝利を収めた。

その後、彼は1943年、連合国軍によるシチリア上陸作戦に参加したが、この時点からパットンとの対立――ライバル関係――が始まることになる。

この作戦の終了後、モントゴメリーはノルマンディ上陸作戦の準備のためイギリスへ帰国した。実際の上陸作戦で彼は、その計画があまりにも厳密すぎ、あまりにも消極的すぎる、と多くの批判を浴びることになった。

その後のパリ解放などヨーロッパ大陸での戦いは、バルジの戦いなど一部でドイツ軍による反攻が見られた反面、基本的には連合国軍の快進撃が続いた。そうしたなか、モントゴメリーはいわゆる北方重視戦略を唱え、その結果が1944年9月の「マーケット・ガーデン」作戦――この作戦の目的の一つは補給及びロジスティクスのための港湾アントウェルペン（アントワープ）の確保であった――へとつながることになったが、これは完全な失敗に終わった。だが、彼がこの作戦は90％成功したと「強弁」したことは、やはり彼に対する評価を低下させた。

加えて、モントゴメリーが『回顧録』などいくつかの著書で、第二次世界大戦ヨーロッパ戦線の連合国軍最高司令官であったドワイト・D・アイゼンハワーのリーダーシップを疑問視し、彼の指導力の欠如が戦いを不必要に長引かせたと批判したことで、とりわけアメリカ軍人及び同国歴史家からの厳しい非難にさらされることになった。

エル・アラメインの戦い

以下では、エル・アラメインの戦いを中心としてモントゴメリーの戦争指導の特徴について考えてみよう。

この戦いまでの約2年間に及ぶ北アフリカ戦線は、緒戦のイタリア軍に対するイギリス軍の包囲作戦を例外とすれば、イギリス軍、ドイツ軍ともに機甲部隊を中心とする機動力を用いた戦い方に終始した。つまり、仮に一方の敗北が濃厚になった場合、その敗北が決定的になる前に戦線から離脱し、戦力の立て直しを図ったのである。北アフリカの戦いは、まさにシーソーゲームの様相を呈したのである。

だが、モントゴメリーはエル・アラメインで、あえて従来のイギリス軍の戦い方とは異なる、大量の物資を用いた決定的な戦い――消耗戦――に挑んだのである。

つまり、同地に踏み止まり強力な防衛陣地を構築したうえ、反撃の機会を待った。そして、反撃の際には小規模な攻撃を連続して実施するのではなく、イギリス軍の優位性を最大限に活用する形で大規模な物量の戦いを実施したのである。これこそ、総力戦の時代にふさわしい戦い方であった。

北アフリカ戦線に赴任したモントゴメリーは、士気が低下し装備不足のイギリス軍が、ただ単に敵の攻撃を待っているかのような光景に接し、直ちに兵士の意識改革に乗り出すとともに、必要な物資と要員の補充を最優先した。広義の意味でのロジスティクスの拡充である。それまでのイギリス軍のやや消極的な戦い方を見直すとともに、同国軍人の士気の高揚を図り、いわば負け癖を払拭する作業から始めたのである。

その結果、なるほどエル・アラメインの戦いは、順序立ち、かつ代わり映えのしない「教科書通り」の戦い方であったものの、モントゴメリーはドイツ軍を西側へと押し戻すことに成功した。はたしてモントゴメリーが実際に戦場で用いた戦術及び戦略が独創的なものであったかについては否定的な評価が多い一方、部隊のあらゆるレベルでの「効率性」を追求した指導力については、高く評価されている。

モントゴメリーの反撃

エル・アラメインの戦いは、1942年7月1日から11月5日まで続いた。同地は、トブルク（リビア・キレナイカ地方）から東方へ約500キロメートルの場所に位置する。

逆に、エル・アラメインを防衛するイギリス軍は、攻勢に転じるために必要な戦力及び物資を十分に確保していた。イギリス軍の補給基地は、エル・アラメインからわずか100～200キロメートルの距離であった。エジプトを拠点にするイギリス空軍の存在も大きかった。

ドイツ軍の東方への進撃に対してイギリス軍がエル・アラメインを決戦の場として選んだ理由は、この地域では地上部隊が作戦を実施可能な場所が、地中海沿岸とカッターラ低地と呼ばれる地点に挟まれたわずか約60キロメートルに限られており、これまでドイツ軍が常に用いてきた内陸部からの大規模な迂回という戦い方を封じ込めることが可能である、と期待されたからである。そして実際に、これが期待通りの結果をもたらし、ドイツ軍機甲部隊の機動力は完全に封じ込められた。

この戦いでイギリス軍は、強力な防衛陣地を準備したうえでドイツ軍を待ち構えていた。

また、多数の火砲及び装甲車両の「模造品《ダミー》」もつくられていた。

また、なるほどこの時期のドイツ軍はトブルクの港湾を確保していたものの、物資の補給のための輸送船はイギリス空軍の激しい攻撃にさらされ、必要な量の確保には至らなかった。イギリス空軍の一つの拠点はマルタ島である。同空軍が枢軸国側の輸送船にとっての大きな脅威となり、それが、北アフリカ戦線でのドイツ軍の物資不足の大きな要因であった事実は否定できない。つまり、イギリス軍はドイツ軍のロジスティクスを狙ったのであり、いつの時代でも、ロジスティクスは軍隊の「アキレス腱」なのである。

エル・アラメインの戦いでモントゴメリーは、当初、同地に強固な防衛陣地を構築したうえ、綿密な計画を基礎としてそこにドイツ軍の戦車部隊を誘い込むことに成功した。その後、さらに数カ月にわたる周到な準備の後、10月24日、遂に大規模な攻撃を開始し、決定的な勝利を得たのである。モントゴメリーによる事前の周到な欺瞞作戦に混乱したドイツ軍は、この反撃をまったく予期することができず、劣勢に立たされた同国軍は、形勢を立て直すことができないまま敗走を重ねることになる。

モントゴメリーは、ドイツ軍が準備した地雷原を技術と物量で突破を試みた。すなわち、大規模な砲撃によってこれを爆発させたのである。ここでもモントゴメリーは、物量の戦い――こうした戦い方を実施するためには軍隊のロジスティクス能力が勝敗を大きく左右する——を挑んだが、物資不足に苦しむドイツ軍は、これに対抗する手段を持ち得なかった。

例えば、8月末にドイツ軍は、エル・アラメインに対する最後の攻撃を実施したが、その時点で部隊に届いた燃料（ガソリン）は、必要量の3分の1以下であったとされる。だが、これ以上攻撃を遅らせればイギリス軍を強化させるだけであるとの判断の下、ドイツ軍は攻撃を開始したが、この地域の制空権を完全に獲得していたイギリス空軍によって撃滅されたのである。

こうしてイギリス軍は、エル・アラメインの戦いに勝利した。今日でもモントゴメリーは、「エル・アラメインの勝者」としてイギリス国民からはいわば英雄視されている。彼の戦い方は、決して派手なものではなかったが、必要な糧食や武器弾薬の集積に代表されるように勝利のための方策を着実に積み上げるという、慎重かつ手堅いものであった。

なるほど、この戦いでもモントゴメリーは、イギリス軍のスピード不足、とりわけ追撃の熱意をめぐって批判を受けたが、この戦いが第二次世界大戦におけるイギリスの最初の明確な勝利であったことは疑いようのない事実である。イギリスの首相ウィンストン・チャーチルは、「アラメインの前には勝利はなかったが、アラメインの後には敗北はなかった」と評価し、この戦いを「運命の蝶番《ヒンジ》」と表現している。

実は、ノルマンディ上陸作戦でも、主としてイギリス軍が担当した同地方の主要都市カーンの占領が計画通りに実施できなかったため、モントゴメリーは消極的すぎると批判されたが、結果的には、ドイツ軍機甲部隊を自ら引きつけるという戦い方の妥当性が証明された。ここでも彼は、十分な準備が整うまでは攻撃を決して実施しなかったのである。

その後のヨーロッパ大陸での戦いにおいてモントゴメリーが、狭い正面での進撃——偶然にもパットンと同じ戦い方——を唱えたことは、アメリカが用いた戦略と相反したとともに、これが「マーケット・ガーデン」作戦の実施と失敗につながった。

パットンと同様、モントゴメリーは自らの同僚であるイギリス軍人との衝突が絶えず、アメリカ軍人に対してしばしば慇懃《いんぎん》な態度で接したため、その評価は決して高くなかった。また、彼はパットンと同様、「政治的正しさ」に対しても無頓着であった。

徹底的な準備と訓練

モントゴメリーの戦争指導の大きな特徴として、入念な計画及び準備が挙げられる。彼は、プロの職業軍人として徹底的な計画立案と訓練を重視し、①準備、②訓練、③身体的な健全さ、が成功への鍵であると述べている。

彼は万全の準備を整えることで、リスクを最小限に抑えるという意味で保守的であった。また、十分な時間を掛けて組織的に物資や弾薬を集積するという意味でも保守的であった。興味深いことに、彼はエル・アラメインの戦いに際して、①糧食、②トイレの衛生状態、③兵士が母国へ手紙を書きまた母国からの手紙が受け取れるよう、最大限の関心を払った。なぜなら、一般兵士にとってこれらが戦場で最も重要なものであったからであり、モントゴメリーはこれを熟知していた。

実際、サンドハースト陸軍士官学校での教官時代、彼は訓練のための教範の作成、演習で実弾を使用することなど、その訓練方法に大きな変化をもたらしたとされる。また彼は、第二次世界大戦の勃発を受けて、イギリス軍が１９１４年と同様の運命をたどるであろうと予測し、いわゆる「奇妙な戦争」の間、攻勢ではなく防勢、そして撤退作戦を兵士に叩き込んだが、これが、ダンケルクからの撤退の成功につながったのであろう。

モントゴメリーはまた、北アフリカの戦いでの準備の一環として、インテリジェンス（情報）を重視した。

加えて、時間の許す限り自ら最前線を視察し、さらには、前線の兵士との会話を重視していた点も、モントゴメリーの戦争指導の特徴としてしばしば指摘される。彼はまた、自らが適格でないと評価した軍人を躊躇なく解任したことで広く知られる。

「効率性」と「空気」

モントゴメリーは「効率性」を重視するとともに、兵士の身体及び精神的な健全さを強く追求した。さらに彼は、「空気（atmosphere）」を最も重視した。今日では「士気」という言葉に置き換えることができよう。

そして、これ以上の撤退を一切容認せず、当初は防勢、時期が来れば攻勢に転じるとの姿勢を部下に徹底的に示した。もちろん、攻勢を実施するのは準備が完全に整った後である、と述べることも忘れていなかった。

また、モントゴメリーが自らのトレードマークとも言えるベレー帽を愛用したのは、自軍の兵士に対し、さらには敵軍に対し、自らの存在を明確に示すための一つのパフォーマンスであった。

おわりに

一般論として、ドイツに代表される枢軸国側は、様々な理由によってロジスティクスを軽視する――重視したくてもできない――傾向が見られた一方、アメリカやイギリスに代表される連合国側は、ロジスティクスを重視する傾向が強い。とりわけアメリカ軍は、伝統的にロジスティクスに細心の注意を払うことで知られ、これは「アメリカ流の戦争方法」の大きな特徴とされる。

なるほどパットンは、ロジスティクスをめぐってあまり慎重ではなく、必要であれば現地調達――あるいは敵から略奪――することによってその解決を図った。その意味で彼は、アメリカ軍人として例外的な存在であるが、ロジスティクスの重要性を熟知していたことは事実である。

他方、モントゴメリーは十分な物資及び武器弾薬が揃わない場合、極めて慎重な行動に徹した。この両者の違いは決定的であり、モントゴメリーは典型的な連合国（イギリス）軍人と言えよう。

だが、こうした両者の違いにもかかわらず、総じて連合国側が戦いにおけるロジスティクスの側面を重視した事実は変わらない。他方、いかなる事情があったにせよ、ドイツ、さらには日本のロジスティクス軽視は見過ごすことができない。結局のところ、この両国は物量の戦い、そしてロジスティクスの戦いに敗れたのである。

第9講

湾岸戦争とコンテナの有用性

これまで戦争については、軍隊を移動させ兵士に糧食や水を提供し、必要な武器及び弾薬を運搬するという、ロジスティクスの側面は注目されることはほとんどなかった。

2022年2月に始まったロシア軍によるウクライナ侵攻（ウクライナ戦争）では、SNSなどの影響もあって、最前線での戦いの様相がほぼリアルタイムで世界中に伝わったが、やはりロジスティクスの側面は注目されていない。もちろんそこでは、フェイクニュースや「偽旗作戦」といった各種メディアを通じてのプロパガンダ（宣伝）の戦い、情報戦争も展開された。この戦争が「第一次情報世界大戦」と評される所以である。

だが、仮にロジスティクスが機能不全に陥れば、いかに世界最強のアメリカ軍や多国籍軍（有志連合軍）といえどもほとんど戦えないのである。

ここまで何度かふれてきたように、歴史を振り返ってみれば、戦いの場所や時期、規模を少なからず規定してきたのはロジスティクスの限界あるいは制約であったことが理解できる。湾岸戦争やイラク戦争で、とりわけアメリカ軍はいとも簡単に最前線まで兵士や物資を移送させたように見えるが、それが可能であったのは同国軍が中東地域へと至るロジスティクスの線《ライン》――例えばシーレーン――を確保し、それを維持し得たからである。

湾岸戦争のロジスティクス

では以下で、1990～91年の湾岸危機及び湾岸戦争（第一次湾岸戦争）を事例として、ロジスティクスの役割についてやや詳しく考えてみよう。

実は湾岸戦争は、必ずしも広く唱えられているような軍事技術の勝利であったとは言い切れず、また、一部の軍人が信じているような権限の委譲が行われた結果――自由裁量の付与の結果――勝利し得たのではない。

なるほどこの戦争でアメリカを中心とする多国籍軍の圧倒的な軍事的勝利と、そこでリアルタイムで見せつけられた精密誘導兵器やステルス兵器の威力などの結果、その後、「軍事革命」「軍事技術革命」あるいはＲＭＡをめぐる論争が巻き起こった。精度、射程、情報の領域における軍事技術の革新は圧倒的であるとされ、これによって戦争の様相が大きく変化したと考えられたからである。

だが、ここで少し冷静に検討すべきは、はたして本当にこの戦争が戦場の最前線を彩った軍事技術だけの勝利であったかについてである。

湾岸戦争の勝因について政治的次元として例えば、①国連安保理決議を採択するなど、国際社会のなかで軍事力行使に対する一定の正当性を得た、②アメリカを中心としてアラブ諸国に働きかけ、この戦争を「中東アラブ世界vs.西洋世界」あるいは「イスラム教vs.キリスト教」といった対立構図が成立しないように止めた、③ソ連（当時）とも頻繁に交渉し、同国に軍事力行使に対する一定の理解を示させることに成功した、④戦争勃発後、イスラエルを局外に留めることに成功した、⑤軍事力行使に際し、明確な目標を掲げ、イラクへの過度な関与（例えば、サダム・フセイン政権の転覆など）を避けた、⑥アメリカ及びジョージ・H・W・ブッシュ同国大統領が示した優れた戦争指導あるいはリーダーシップ、⑦冷戦終結という国際環境の下でのアメリカとソ連の協調関係の維持、などが前提条件として整っていた［石津朋之「湾岸戦争のポリティクス」NIDSコメンタリー第188号（2011年9月10日）］。

こうした恵まれた政治状況の下、軍事の次元で、①パウエル・ドクトリンに従って、戦争までの約6カ月間、武器弾薬、糧食などを中東地域に集積するなど必要な準備を整えた、②兵士の訓練（例えば砂漠の戦場での）を実施し、満足できる熟練度にまで達していた、③アメリカを中心として、情報技術（IT）革命の成果を軍事力の中に組み込むことに成功した、④同盟国及び友好国との連携を密にし、アメリカ軍内の共同作戦及び同盟国との連合作戦を円滑に実施し得た、などの条件が揃ったのである［石津朋之『『匕首伝説』を考える――湾岸戦争を手掛かりとして」NIDSコメンタリー第195号（2011年9月21日）」。とりわけ、事前に大量の補給物資を戦場の近くに集中し得た能力は特筆に値し、こうした経緯については、パゴニス『山・動く』に詳しい。

もちろん、湾岸戦争前の1987年に「ゴールドウォーター＝ニコルス法」が制定され、この法律を踏まえてそれぞれの軍種の輸送組織を統合した「戦略輸送軍」が創設されていたため、湾岸戦争では物資の統合輸送が実現したのである。

実は、この戦争でさらに興味深い事実は、地上での戦いが約100時間で終結したのに対し、その前段階の配備に6カ月の時間があった事実に加え、後段階の撤退――「砂漠の送別」作戦――に10カ月を費やした点である。この後段階の「砂漠の送別」作戦では、兵士はもとより、兵器や機材を戦場となった砂漠地帯から飛行場や港湾に移動させ、それらを中東からアメリカ本国へと持ち帰ったのである（『山・動く』225～237頁）。

湾岸戦争で実質的に多国籍軍のロジスティクスを統括したパゴニスは、以下のような結論を下している。すなわち、「この戦争は、戦場でというより後方の支援作戦本部において、ワシントンとリヤドでというより、主要補給ルートにおいて戦われた。何カ月にも及ぶ後方支援の準備が行われたからこそ、空中と地上での戦闘を1012時間で終わらせることができたのだ。そして、戦争前から戦争期間中まで、何カ月もかけて計画を立てていたから、戦域からの撤退を成功裏に完了できたのである」（『山・動く』236頁）。

湾岸戦争でのこうしたロジスティクス担当者の活動を高く評価して、アメリカ議会報告書は次のように記している。すなわち、「アメリカのロジスティクスは歴史的に見ても成功を収めた。戦闘部隊を、地球を半周して移動させ、世界規模の補給線《ライン》を構築し、前例がないほどの即時対応性を維持し得た担当者は称賛に値する」。

「必要なものを、必要な時に、必要なだけ」

ビジネスの世界で「ジャストインタイム」という発想が採用されてから久しいが、その核心は、「必要なものを、必要な時に、必要なだけ」であり、これは今日の軍事ロジスティクスの領域にも広く導入されている。

冷戦から湾岸戦争にかけての時期は「ジャストインケース」といった発想でロジスティクスが運用された結果、その副産物として大量の物資を集積する「アイアン・マウンテン」が随所で構築された（詳しくは、江畑謙介『軍事とロジスティクス』22頁、35〜36頁、238頁を参照）。だが、その後、最前線とロジスティクス担当の部隊が通信ネットワークで結ばれ、さらにはRFIDという電子タグが導入された結果、物資の流れをリアルタイムで把握することができるようになった。

なお、イラク戦争に先立って開始されたアフガニスタン戦争（２００１～21年）では、最前線に移送した物資のうち70～80％が燃料及び水であり、その水の75％が兵士のシャワー用であったとされる。

また、民間企業も軍隊も「ジャストインタイム」の発想は同じであるものの、仮に相違があるとすれば、軍隊には戦時あるいは緊急時の物資不足など絶対に許されないため、多少の備蓄が必要とされ、許されるとの点であろう。その象徴的な事例が、いわゆる「ロー船」に代表されるＭＰＳ（海上事前集積部隊）である。

実際、前述のパゴニスは海上事前集積（備蓄）船の重要性を指摘する。すなわち、「サウジアラビアの社会基盤を『攻略して』いる間、われわれは配備船で輸送された装備と補給品に頼っていた。既に述べていたように、サウジアラビアでの最初の数週間は、配備船のおかげで生き残れたのであり、将来のいかなる原則もこの明白な事実を考慮にいれなければならない」（『山・動く』３０７頁）。

コンテナの有用性

次に、コンテナの導入が戦争の様相に及ぼした影響について考えてみよう。実は、コンテナ化、さらにはパレット化の結果、必要な物資の迅速かつ大量の輸送が可能になったのである。「軍事ロジスティクスにおける革命」の一つとされる所以である。

もちろん、コンテナ、さらにはパレットの運用には課題がある。すなわち、こうした機材そのものの積載量がかさばるのである。また、コンテナやパレットは回収する必要があるため、労を要する。

アメリカ軍が民間のコンテナを導入し始めたのは、ヴェトナム戦争後半になってからである。この地域に展開された50万以上の同国軍兵士の戦闘と生活を支えるためには、どうしても効率的なロジスティクスが必要とされたからである。

その後、アメリカを中心として世界各国の軍隊で補給物資の迅速な配送を可能にするコンテナ――ＩＳＯ（国際基準規格）コンテナ――が広く使用され始めたのは１９８０年代であり、湾岸戦争では広く用いられ、４万ものＩＳＯコンテナが使われたという。だが、その半分は内容物が分からず、現地で開梱して確認作業が必要であったが、イラク戦争では、ＲＦＩＤの導入によってこの問題は解決された。

つまり、湾岸戦争の時には前線まで送られてきた軍事コンテナに何が入っているのか、開梱するまでまったく分からなかったそうである。水が必要なのに開けてみたら糧食しかなかった、違った種類の弾薬が届いたといった事態が頻繁に生じたらしい。

例えば、この戦争でのコンテナの運用をめぐる問題点についてパゴニスは、1個のコンテナに複数の発送先が含まれていた事実を以下のように指摘する。「混載のコンテナが少なくなかったばかりか、中身のわからないコンテナも多くあった。船積書類の記載とコンテナの中身とが一致しないこともよくあった。中身を確かめるだけのために、４万１０００個のうち、2万８０００個前後のコンテナを埠頭で開梱しなければならなかったほどだ」(『山・動く』３０３頁)

それが約10年後のイラク戦争（第二次湾岸戦争）では、コンテナにＲＦＩＤが装着された結果、何がどこにあるのかシステム全体で把握できるようになった。必要な量の補給物資を必要な場所に送ることができるようになったのであり、こうした技術を無視して今日の戦争は戦えない。

いわゆる「ジャストインタイム」方式で補給を行うためには、①どこで、誰が、どれほどの補給物資を必要としているか、②補給物資の要求に対して所要の物資を送り出す手配ができているか、③送り出した補給物資の配送状況、を正確に掌握する必要がある。そこで登場したのがRFIDである。繰り返すが、今日のアメリカ軍では、コンテナだけでなくコンテナの中に収納した個別の内容物についてもその所在を把握できる態勢が整っている。つまり、ロジスティクスの「可視化」の実現である。

イラク戦争――「軍事ロジスティクスにおける革命」

湾岸戦争から10年余り経過したイラク戦争では、軍事ロジスティクスの部外委託《アウトソーシング》が大きく進んだとされる。その理由の一つは、大量の物資――とりわけ現地では調達できないハイテク装備品など――を遠く海外へと移送するノウハウに関して、民間企業の方が優れていたからである。

湾岸戦争でアメリカ軍は、約2カ月間継続して戦えるための物資を事前に準備したが、イラク戦争では約1週間分の備蓄で攻撃を始めたとされる。そして、こうした状況を可能としたのが、衛星もしくは軍事衛星を用いた通信ネットワークの発展であった。最前線の部隊とロジスティクス担当の部隊が衛星で結ばれれば、どの部隊がいかなる物資を必要としているかを容易に把握できるからである。

実際、湾岸戦争では多国籍軍にせよイラク軍にせよ、基本的には従来のロジスティクス方式――「ジャストインケース」――のままであり、開戦に先立って後方に膨大な補給物資を集積（そのために多国籍軍は約6カ月を必要とした）、戦闘部隊の進撃は補給が追いつく距離までが限界で、そこに到達すると戦闘部隊はいったん停止し、前線に近い新たな後方に補給物資の集積場所を移動させ、移動が終わると次の作戦を実施するとの伝統的な方策に従ったのである（『軍事とロジスティクス』35～36頁）。

だが戦闘部隊とロジスティクス担当部隊との間が情報ネットワークで結ばれれば、戦闘部隊からの補給要求が瞬時にネットワークでロジスティクス担当部隊に伝えられ、逆にロジスティクス担当部隊は、いつ補給物資が届けられるかとの情報提供が可能になる。

そして、1990年代のＩＴ（情報技術）革命は軍事ロジスティクスに大きな変化をもたらし、とりわけＲＦＩＤの導入は、補給物資の流れをリアルタイムで把握する「トータル・アセッツ・ヴィジビリティ」を可能にした（『軍事とロジスティクス』224頁、465頁）。

実際、前述の江畑によればイラク戦争ではそれぞれのコンテナに内容物、発送地、目的地などの情報を発信するＲＦＩＤがつけられ、外部から内容物や目的地を迅速に確認できるようになった。これをもって「軍事ロジスティクスにおける革命」とする論者さえ存在する（『軍事とロジスティクス』22～25頁）。

さらに江畑によれば、湾岸戦争でアメリカ軍は60日分の物資を備蓄して戦闘を開始した一方、イラク戦争では必要なものを必要な時に届ける「ジャストインタイム」の導入の結果、わずか5～7日分の水、糧食、弾薬を携行するだけで戦闘を開始したという（『軍事とロジスティクス』46～47頁）。もちろん、これには情報ネットワークを用いたロジスティクス・システムの導入に加えて、民間企業の調達・発注・発送・輸送方式の採用、さらには、高速かつ車両を自走で搭載でき、自ら荷下ろしが可能なクレーンを装備した新たな大型輸送艦の実用化、などの要因も重要であった。

また、イラク戦争前のイギリス軍は、いわゆる「緊急作戦要求（UOR）」を採用したとされる（『軍事とロジスティクス』54～55頁）。これは、「あらゆる予想される非常事態に、あらゆる作戦状況下で対応できるように装備を調達し、維持しておくのは非効率的であり、また現実に不可能である」との理由によるものであるが、その代替策として、緊急事態が生じた場合は必要とされる物資などを民間から緊急に調達するUOR方式が導入された。そして、このUORは実戦で一定の成果を上げたと評価されている。

おわりに

前述のパゴニスは軍事ロジスティクスにおける、①重複性、②余裕、③無駄、の必要性を繰り返し強調している（『山・動く』310頁）が、いつの時代にも、戦争におけるロジスティクスの重要性は変わらない。

ロジスティクスの限界は、作戦、さらには戦争の限界なのである。

第10講

「テロとの戦い」の時代におけるロジスティクス

前講（章）でも述べたように、湾岸戦争（1991年）からイラク戦争（2003年）にかけての期間、軍事ロジスティクスの領域では、ISO（国際基準規格）コンテナの積極的活用やRFIDという電子タグの導入などの結果、ロジスティクスの「可視化」が実現し、「ジャストインケース」から「ジャストインタイム」への移行が進んだ。

実際、イラク戦争では個々のコンテナに内容物、発送地、目的地などの情報を発信するRFIDがつけられ、外部から内容物や目的地を迅速に確認できるようになった。「軍事ロジスティクスにおける革命」と一部で高く評価される所以である。

「ラストワンマイル」

加えて、「ラストワンマイル」での工夫、衛星の活用、権限の委譲、なども大きく進んだ。民間であれ軍隊であれ、伝統的に物流をめぐる大きな障害の一つは、「ラストワンマイル」の配送であった。鉄道でも航空機でも、最前線までの「最後の行程」はトラック、馬、最悪の場合は人に頼らざるを得ないとの問題は、歴史を通じてロジスティクス担当者を悩ませてきた。

だが将来、「ラストワンマイル」は、自動配達ロボットやドローンの導入によって無人化が可能となるかもしれない。逆に、いかに物流拠点あるいは「策源地」の自動化が進んだとしても、「ラストワンマイル」の効率化が滞れば、物流プロセス全体の障害であり続けてしまう。

民間では今日、「ラストワンマイル」の配送に特異な制約を考慮したアルゴリズムとドライバーのGPSデータを解析及び学習するシステムを開発中である。そして、この技術は、軍事ロジスティクスの領域にも応用可能であろう。

衛星の可能性

湾岸戦争では、約2カ月分もの物資を開戦前に準備したが、イラク戦争では1週間分程度の物資で攻撃を開始した。

こうした事実から、一部で「戦略がロジスティクスから解放された」と議論された。おそらくこれは言い過ぎであろうが、それはともかく、こうした状況を可能としたのは衛星もしくは軍事衛星を使った通信網の発展であった。

最前線の部隊とロジスティクス担当部隊が通信で結ばれていれば、どの部隊が何を必要としているかの情報が把握できるからである。

権限の委譲

近年、軍事の領域では突発的なテロやゲリラ攻撃などに迅速に対応できるよう、現場あるいは最前線の部隊への権限委譲——民間では「アダプティブ」として知られる——の必要性が改めて認識されており、軍事ロジスティクスの領域も例外ではない。

歴史上、最前線への権限委譲に関しては「任務戦術」、ドイツ語でAuftragstaktikと呼ばれる方策が存在する。今日では、英語でmission commandなどとも表現されるが、近現代においてその発端は、泥沼の塹壕戦に陥っていた第一次世界大戦末期、ドイツ陸軍が考案したとされるものである。

興味深いことに今日これが、それもロジスティクスの領域との関連で改めて注目されているのである。

周知のように、第一次世界大戦末期のドイツ陸軍は、敵の最前線を密かに突破して敵陣の内部深くに侵攻し、小規模な部隊での分散行動によって敵を背後や側面から攻撃して攪乱する「浸透戦術」と呼ばれる方策を用いた。

そして、この「浸透戦術」を可能にするために権限を下位の部隊に委譲したのである。

上級指揮官は目標と大まかな方針だけを示すに留め、任務を遂行する具体的方法は最前線の下級指揮官の判断に任せた。実は、当時は敵陣に侵攻した部隊は、技術の未発達などの理由から本隊との連絡が途絶えてしまうため、権限を委譲しなければ行動できなかったのである。

戦場のリアル

なるほど今日の軍隊は主としてＩＣＴ（情報通信技術）の発展の結果、最前線の状況がリアルタイムで本国の中央で把握できるようになった。それにもかかわらずアメリカ軍は、「任務戦術」の概念を一部に採り入れて最前線への権限委譲を進めているが、その狙いの一つはもちろんテロ対策である。戦闘が始まって、その度に上級司令部に指示を求めていたら、対応が後手に回ってしまうからである。

同時に、中央から最前線の状況がリアルタイムに見えるようになった結果、逆に現場の判断を尊重する必要性が改めて認識されたとも言える。

第6講（章）でも述べたように、プロイセン＝ドイツの戦略思想家カール・フォン・クラウゼヴィッツは『戦争論』のなかで、計画と現実の戦いとの違いを「摩擦」という概念を用いて説明した。クラウゼヴィッツは「戦争は摩擦に満ちている」と述べたが、この事実は今日でも変わらない。

だからこそ、最前線に権限を委譲し、その意向を尊重する必要性が認められたのであるが、この事実は戦いの骨幹であるロジスティクスにも当てはまる。

軍事ロジスティクスが抱えた課題

その一方で、こうした「軍事ロジスティクスにおける革命」も新たな問題を多々生じさせた。

例えば、イラク戦争の初期の段階では、地上部隊の進撃速度があまりにも早かったため、必要な物資を必要な時に必要な量だけ補給するとの「ジャストインタイム」方式ですら、その欠点を暴露することになった。

また、この戦争ではアメリカ軍の犠牲者の3分の2以上がロジスティクス担当部隊から出ている。ロジスティクスが軍隊の「アキレス腱」との事実は、技術が大きく発展した今日でも変わらないのである。

さらに冷戦終結以降、今日の戦争は「テロとの戦い」の様相を呈しており、国家間戦争を想定して構築された従来のロジスティクスの方策が通用し難くなってきている。

これは今日、世界各国の軍隊が抱えた大きな問題の一つである。すなわち、従来の正規軍同士の戦争では、敵の位置が比較的特定し易かったため、戦場がどこになるか、そのために補給線《ライン》をどう確保すべきか、などある程度は予測可能であった。

ところが、「テロとの戦い」では戦場がどこかは曖昧である。その結果、各国の軍隊は現在、必要な物資をできる限り自ら携行する方策(あるいは相互支援)に移って――「回帰」して――いるようである。

MPSとシー・ベイシング

民間企業も軍隊も「ジャストインタイム」の運用には変わりないものの、仮に違いがあるとすれば、軍隊のロジスティクスには戦時あるいは緊急時の物資の不足など絶対に許されないため、多少の備蓄が必要とされる点であろう。その典型的な事例が、前講(章)で紹介したMPS(海上事前集積部隊)である。

これは、合理性や効率性を追求することが、かえって軍隊及び戦いの有用性を低下させてしまうという、アメリカの国際政治学者エドワード・ルトワックの「戦略の逆説的論理」

を援用して、「軍事的有用性（military effectiveness）の逆説的論理」とでも名づけられる事象である。

さらに近年、軍事ロジスティクスの一つのあり方として、シー・ベイシングといった発想が注目されている。確認するが、これは同盟国などの領土内の基地に依存することなくアメリカ軍が自由に作戦できる海上基地との考え方であり、2002年に発表された。

確かに、戦闘のためのロジスティクス基地を海上に設けることができれば、陸上に置く場合と違って受け入れ国《ホスト》の承認が不必要なうえ、安全性も高まるとされる。また、陸上にロジスティクス基地を設ける場合とは異なり、すべての補給物資を陸揚げする必要もない。「フットプリント」が小さくて済むのである。

もちろん、シー・ベイシングは単に海上に基地を構築するだけでなく、所要の装備及び補給物資を、本国や主要基地から前線基地や前方に展開するシー・ベイス（海上基地）に運搬、さらには、そこから各種の輸送方法を用いて最前線の艦艇や陸上部隊に届けるという、まさに一体型システムの概念なのである。

作戦追随型のロジスティクス

一般的にロジスティクスには、①準備可能な範囲内で戦闘を行うという「兵站支援限界」で規制する方策、と、②戦闘に必要なロジスティクスをどうにか準備する作戦追随型の方策、があるとされるが、今日の日本の防衛省・自衛隊は基本的に前者である（旧陸海軍はその稀な例外）。本書『戦争とロジスティクス』も、主としてロジスティクスの限界の観点から考察を進めている。

だが今後は、作戦追随型のものも求められるであろう。より具体的には、倉庫に補給物資を保管し必要に応じてそれを最前線の部隊に運ぶような従来の方策から、「策源地」にある民間企業から直接、最前線の部隊に物資を運搬する方策への転換である。

また、既にコンビニなどで導入されているPOS（Point of Sales）システムに則った管理により、部隊や兵士個人の糧食や弾薬などの保有量が一定の水準まで低下すると、自動的に最適なロジスティクス拠点に補給の指示が下されるといった方策の導入も検討されるべきである。

いわゆる「オーダーレス」の概念を、軍事ロジスティクスにも導入することが求められる。

加えて、先行して民間での航空機――一部の軍用機――などに用いられているようであるが、ビッグデータやIoT技術などを活用し部品の交換時期を事前に知ることで、経年劣化によるシステムダウンを未然に防ぐ保全態勢の構築は、今後の検討事項であろう。

「テロとの戦い」が見直しを迫る

国家の正規軍同士の戦争を前提とした従来のロジスティクスのあり方は、今日、その有用性を徐々に失いつつあるように思われる。併せて、自己完結を旨とする従来のロジスティクスのあり方も、大きな見直しを迫られている。これまでは、自己完結こそが軍隊を他の組織と分ける大きな特徴であった。

テロやゲリラとの戦いに象徴される「新しい戦争」の時代には、その時代の要請に応じた、新たなロジスティクス・システムの構築が求められるが、これはむしろ、近代以前の軍隊のロジスティクスのあり方への「回帰」なのかもしれない。この「回帰」について詳しくは、イスラエルの歴史家マーチン・ファン・クレフェルトの主著『増補新版　補給戦』を参照してもらいたい。社会の様相の変化と戦争の様相の変化の、強い関連性を理解できるはずである。

将来の戦争あるいは紛争は、「ジャストインタイム」では対応できない可能性がある。例えば、周囲を敵対勢力――必ずしも軍隊である必要はない――に囲まれた基地及び部隊に対するロジスティクスは、今日の軍隊が追求している高速かつ機動的な戦いでの効率的なあり方とはまったく異なる条件下のものとなろう。

敵の組織的な戦闘力の破壊を目的とする従来の国家間の正規戦争――通常戦争――と異なり、ゲリラ攻撃やテロ攻撃――非通常戦争――を受ける状況下での固定的な基地あるいは部隊に対するロジスティクスは、従来のやり方とは大きく異なる、むしろ以前に行われていた「アイアン・マウンテン」――事前の膨大な物資の集積――を構築する方策へと「回帰」する可能性すらある。

おわりに

つまり、従来、自己完結を旨とした主権国家の軍隊が、今日の国家の枠組みを超えた紛争や活動――例えば非通常戦争（非対称戦争）や国連平和維持活動（ＰＫＯ）――にいかに対応できるか、また、ロジスティクス業務の多くを民間企業に委託せざるを得ない今日の社会状況に軍隊がいかに対応できるかが問われている。

さらには、伝統的な事態対応型のロジスティクス態勢から、事前対応型のものへの移行も求められるであろう。テロやゲリラに象徴される非通常戦争が多発する今日、最前線と後方地域の境界（線）はますます曖昧になってきており、時としてこうした区分は無意味ですらある。

ある軍人の言葉を借りれば、ロジスティクスは決して「魅惑的《グラマラス》」な領域ではない。だが、戦争の勝利のためには必要不可欠な領域である。なぜなら、「戦いに勝つための術《アート》である戦術とは、実際のところ、兵站上可能なことを成す術《アート》なのである」（ジョン・キーガン、リチャード・ホームズ、ジョン・ガウ『戦いの世界史』）からである。

第11講

水陸両用作戦のロジスティクス

水陸両用（上陸）作戦とは

水陸両用（上陸）作戦能力は、戦争あるいは紛争のあらゆるスペクトラムに対応可能である。

すなわち、人道支援活動、平和支援活動、低強度紛争、そして高強度の軍事作戦（戦争）まで、継続的かつ圧倒的な能力を投射することができる。また、水陸両用作戦能力は、確固とした自己完結型の、そして前方展開の作戦基盤を提供できる。

さらに水陸両用作戦部隊は、陸軍と海軍という2つの領域にまたがる境界線を主たる担当領域にしているため、それぞれの軍種が備えた能力を保持することになるとともに、当然ながら各種の航空機を保持する部隊は、空軍が備えた能力を保持している。

さらに言えば、自己完結性に加え、機動性、柔軟性、継戦能力を備え、均衡の取れた水陸両用作戦能力は、とりわけそれが適切な海軍力によって支援され、空軍力による支援が得られた場合、高い能力を備えた国家戦略の一つの手段として運用可能になる。

この第11講（章）では、こうした水陸両用作戦におけるロジスティクスの重要性について考えてみたい。

水陸両用作戦の歴史

水陸両用作戦の定義にあまりこだわらずその歴史を振り返ってみれば、既に紀元前12世紀には古代エジプト王朝が、地中海の島々やヨーロッパ南部海岸に沿って居住していた「海の襲撃者（海の民）」の攻撃にさらされていたとの記録が残されている。

また、やはり紀元前12世紀に古代ギリシア人はトロイを攻撃する際（トロイ戦争）、海岸に拠点《ログメント》を確保する必要に迫られた――詳しくは映画「トロイ」を参照――が、これは紀元前490年にギリシアに侵攻したペルシア軍がマラトン湾で求められたことと同じであった（ペルシア戦争）。その後の古代ギリシア世界でも水陸両用作戦能力は最大限に活用されたが、紀元前415～13年のシチリア島に対するアテネ遠征軍の敗北は、ペロポネソス戦争での重要な転換点となっている。

さらに時代は下って、紀元前55年にブリテン島の住民は大規模な水陸両用作戦による最初の襲撃を受けた。古代ローマのユリウス・カエサルが自ら軍隊を率いて英仏海峡を渡って侵攻したのである。その後も数世紀にわたってブリテン島は、ヴァイキングあるいはノルマン人（北方民族）の襲撃にさらされた。

実際、中世ヨーロッパで水陸両用作戦を最も成功裡に実施し得た集団は、ヴァイキングによる北ヨーロッパ、西ヨーロッパ、地中海ヨーロッパ沿岸地域への襲撃であった。一方、東アジアでも14〜16世紀にかけていわゆる「倭寇」(前期倭寇と後期倭寇)が活躍した。

また、カリブ海のスペイン領に対する1585〜86年にかけてのフランシス・ドレークの襲撃は、イギリスによる水陸両用作戦の先駆けとなる事例であった。ドレークの襲撃は、同国によるジブラルタル占領(1704年)やワシントンDC占領(1814年)などの先例となったのである。

近現代の水陸両用作戦

だがその後、20世紀の第一次世界大戦に至るまでの期間に実施された水陸両用作戦の多くは、敵が防御陣地を構築して待ち構えている海岸に対してではなく、むしろ敵が存在しない地点を選んで作戦を実施している。実は、19世紀までには既に主要諸国の水陸両用作戦部隊及び海軍にとって、敵前に部隊を強行上陸させること自体が技術的に困難になっていたのである。

だが、第一次世界大戦のガリポリ上陸作戦や第二次世界大戦のノルマンディ上陸作戦などを経て1945年頃までには、機動力に富み、自己完結した水陸両用作戦部隊は、再び政治指導者に対して有用な軍事的選択肢を提供できるようになった。

実際、第二次世界大戦のイタリア戦線に限っても連合国軍は、シチリア島、サレルノ、アンツィオと大規模な水陸両用作戦を実施した。もちろんそれ以前にも、北アフリカでの「トーチ」作戦などを経験しており、こうした経験を踏まえたうえで、さらに大規模なノルマンディ上陸作戦が実施されたのである。

そしてその後、水陸両用作戦は、朝鮮戦争(1950年)、フォークランド戦争(1982年)、湾岸戦争(1991年)、イラク戦争(2003年)などで積極的に用いられている。

ノルマンディ上陸作戦――水陸両用「強襲」

水陸両用作戦と聞くと、多くの読者は第二次世界大戦中の1944年6月に実施されたノルマンディ上陸作戦を思い浮かべるに違いない(映画「史上最大の作戦」「プライベート・ライアン」、テレビドラマ「バンド・オブ・ブラザース」)。

ノルマンディ上陸作戦の概要であるが、艦砲及び航空部隊による砲爆撃で防御側の陣地を徹底的に叩いた後、沖合の輸送艦（船）から多数の上陸用舟艇に乗り移った上陸部隊が数波にわたって上陸し、砂浜に取り付いて海岸堡あるいは橋頭堡を確保する。続いて、戦車や火砲に代表される重量の後続部隊と大量の補給物資を揚陸して、内陸に侵攻する、とのイメージである。

また、この上陸作戦ではパラシュートやグライダーを用いた空挺《エア・ボーン》部隊が上陸地点の両側面及び背後に事前に降下し、敵の攪乱及び重要地点の確保を目的として攻撃を実施したが、今日ではこうした任務はヘリ・ボーン部隊で実施されることが多い。

こうした作戦で海軍の活躍を忘れてはならない。イギリスの5つの港を出港した上陸部隊を載せた艦船は、同国のワイト島の沖合の「ピカデリー・サーカス」で集結し、そこからノルマンディへと向かったのであるが、これには、上陸部隊を誘導するため潜水艦が先行した。

海上では機雷の除去作業のために掃海艇が活躍し、その後は艦砲射撃のための戦艦、巡洋艦、さらには駆逐艦が可能な限り沿岸へと近寄って砲撃を実施した。その後、上陸用舟艇が海面へと降ろされたが、当時はまだ自らが乗船した揚陸艦や輸送船から兵士はネットを伝って降りる必要があった。

こうして、大規模な上陸作戦が開始されたのである。上陸当初の一部の海岸では、例えば地雷除去を目的に特別に設計された戦車、「特殊戦車」なども活動した。だが、いわゆるＤＤ戦車――歩兵支援用の水陸両用戦車――などは、予想以上に波が荒かったため、その多くが水没した。

15万もの兵士、そして武器や弾薬などをドイツ軍に気づかれないまま英仏海峡を輸送する任務は、まさにローマ神話の海の神にちなんで「ネプチューン」と命名された。用いられた海軍艦艇は約７０００隻にも上ったという。

もちろん空軍（航空部隊）も大きな役割を果たした。例えば、上空からは約６００機の爆撃機が上陸地点のドイツ軍防御陣地に対して空爆を実施した。

こうして、上陸作戦の実施に際しては海軍艦艇による艦砲射撃による支援、さらには航空機による支援などが効果的に行われ、作戦の成功に大きく貢献したのである。

さらにノルマンディでは実際の上陸作戦の前に、入念なインテリジェンス（情報）収集活動（航空写真など）、欺瞞、陽動、航空部隊による鉄道や道路網及び橋梁への攻撃（航空阻止）などが実施されているが、それ以上に重要なのが、こうした上陸作戦を支えるロジスティクスの役割である。

今日の水陸両用作戦

もちろん、こうしたイメージとは対照的に総じて第二次世界大戦後の水陸両用作戦は、コマンド部隊あるいは特殊部隊による秘密裏の奇襲上陸及び浸透が一般的になりつつある。今日の水陸両用作戦の主要な形態は、ノルマンディに見られたような戦力を集中しての敵前強行上陸ではない。むしろ、分散して秘密裏かつ立体的に（＝三次元で）行われる奇襲作戦であり、小規模な戦力によって実施される場合が多い。

その意味では、水陸両用作戦という言葉を用いながらも、現実には今日の水陸両用作戦では「空」の要素が重要になりつつある。実際、ヴェトナム戦争以降の水陸両用作戦は、ヘリコプターなどを用いて経空で実施される事例――「ヘリ・ボーン」作戦――が多い。

水陸両用作戦の目的

以下では、やや概念的になるが、水陸両用作戦の一般的な形態について考えてみよう。

今日、アメリカ統合参謀本部が公表している同国の水陸両用作戦のドクトリンに関する文書「水陸両用作戦のための統合ドクトリン」によれば、水陸両用作戦とは戦闘能力を最も優位な地点及び時期に、正確に投射及び適応することにより、奇襲の要素を創り出し、敵の弱点につけ込むことを探求する任務である。そして、敵対的あるいは潜在的に敵対的な海岸に対して、海上から戦闘能力を投射することを含む概念であり、こうした水陸両用作戦部隊は、割り当てられた任務に基づいて編成されること——任務部隊《タスクフォース》——をその最大の特徴とする。

水陸両用作戦のより具体的な目的としては、一般に以下の5つが挙げられる。すなわち、①さらなる軍事作戦を実施するためのいわば準備段階として、②海軍前進基地あるいは空軍前進基地を確保するため、③敵が重要地点あるいは施設を用いることを決定的に拒否するため、④敵対的な地点に迅速かつ予期できない進攻を実施するため、あるいは敵の要員及び物資に損害を与え犠牲を生じさせるため、⑤敵の行動や意図に関する重要な情報を集めるため、である。

作戦の機能

また通常、水陸両用作戦の一般的なカテゴリーあるいは機能として以下の4つが挙げられる。

すなわち、①「強襲」、②「襲撃」、③「撤退」、④「示威」、である。さらに近年では、第5のカテゴリーの重要性が指摘され始めたが、それは、⑤「その他の作戦への（水陸両用）支援」と呼ばれる。

第1の水陸両用「強襲」の事例として、第二次世界大戦のノルマンディ上陸作戦、1942年の北アフリカ上陸作戦、1943年のシチリア島上陸作戦などが挙げられる。

第2の水陸両用「襲撃」で最も知られるものとして、1942年のフランスでのイギリス軍及びカナダ軍によるディエップ上陸作戦が挙げられる。第一次世界大戦、1918年4月のゼーブリュッヘに対するイギリス軍の上陸作戦もそうである。

第3の水陸両用「撤退」には、1915～16年のガリポリ、1940年のダンケルク、1941年のクレタ島、1950年の朝鮮戦争などが挙げられる。また1975年、ヴェトナムのサイゴンから最後のアメリカ国民の撤退は、海軍艦艇から飛び立ったヘリコプターの活躍によるところが大きい。さらに、1995年のソマリアからの国連平和維持軍の撤退は、水陸両用作戦用艦艇によって実施された。

他方、太平洋戦争中、日本によるガダルカナル島からの撤退は、1943年2月に3回に分けてそれぞれ駆逐艦20隻を用いて実施されたが、陸軍9800名、海軍830名の撤退に成功している（テレビドラマ「ザ・パシフィック」）。

第4の水陸両用「示威」であるが、おそらくこれが最も成功した事例は、1991年の湾岸戦争でアメリカ海兵隊及び同国海軍が実施したものであろう。

第5の「その他の作戦への（水陸両用）支援」であるが、1990〜2010年にかけてアメリカによって実施された107回の水陸両用作戦のなかで、実に78回の作戦がこの「その他の作戦への支援」というカテゴリーに入るとされる。

作戦の段階《フェーズ》

次に、水陸両用作戦の段階《フェーズ》についても簡単に触れておこう。

通常、水陸両用作戦は5つの段階から構成される。すなわち、①「計画と準備」、②「戦闘地域への前進」、③「上陸前の諸作戦」、④「海岸の確保」、⑤「確定と活用」である。

そのなかでも特に水陸両用作戦は、慎重な「計画と準備」があるか否かによって、その結果が大きく左右されることになる。なぜなら、とりわけ多くの軍種や兵科の統合（協同）及び調整、時として同盟国との連合が求められるのが水陸両用作戦であるからである。

ノルマンディ上陸作戦は、その成功例と言えよう。確認するが、そこでは当初、海上から多国籍の5個師団が上陸し、それに加えて3個空挺師団がこの上陸部隊の両側面及び敵軍背後の重要地点を確保する目的で投入された。

そして、こうした大規模な軍事力行使を支えるためにロジスティクスの役割が重要となり、具体的に案出された措置の一つが人工の港湾あるいは埠頭「マルベリー」であった。これを英仏海峡を移動させ、ノルマンディ海岸に設営したのである。

水陸両用作戦のロジスティクス

では、水陸両用作戦におけるロジスティクスの重要性について、その特徴を具体的に挙げておこう。作戦の様相がいかに変化しても、ロジスティクスの重要性はまったく変わらないからである。

水陸両用作戦のロジスティクスは、いわゆる「戦術的積み込み」あるいは「戦闘積み込み」を行う必要がある。理想としては、それぞれの積荷――輸送艦――が自己完結性を備えていた方がよい。そうであれば、それぞれの輸送艦内の軍事力は、「強襲」において自律的に行動できるからである。言い換えれば、仮に敵の攻撃によって輸送艦の1隻が失われたとしても、残りの軍事力で十分に対応可能であり、それが、作戦全般に悪影響を及ぼさないことが重要なのである。

第一次世界大戦のガリポリ上陸作戦では当初、水陸両用作戦部隊は「戦術的積み込み」を行っていなかった。他方、ノルマンディ上陸作戦では、ある程度の「戦術的積み込み」がなされていたことに加えて、この作戦全体を支えるロジスティクスをめぐる課題の多くは、その計画段階において前述の「マルベリー」によって解決を見ることになった。

実は、1942年のディエップへの「襲撃」で直接的な上陸によって港湾を確保することがいかに困難であるかが実証されたため、その後のノルマンディ上陸作戦では、移動可能な「マルベリー」が考案されたという。この作戦ではさらに別の方法として、「プルート」と呼ばれる海底石油パイプラインも活用され、最終的には20本ものパイプラインが敷設された。

ディエップの「教訓」

水陸両用作戦では、「船から海岸への移動」が決定的なまでに重要になってくる。だからこそ「マルベリー」は、初期の上陸作戦の成功後、英仏海峡を曳航されノルマンディ海岸で組み立てられたのである。

実は、ヨーロッパ戦線で連合国側はディエップでの失敗を検証し、装備品からその運用方法に至るまでを見直すとともに、英仏海峡を越えた大規模な水陸両用作戦を成功させるために必要な装備品の備蓄や戦術の発展など、ディエップでの様々な教訓をノルマンディ上陸作戦での成功につなげたという。

そこで特に意識された事項は、上陸に先立って実施される様々なロジスティクスをめぐる措置と、その後の砲爆撃の重要性であり、また、敵の海岸線や砲台などを砲爆撃で破壊あるいは無力化しない限り上陸部隊が危機に陥る、との事実であった。そしてこの事実は、イタリア戦線で実施された上陸作戦によって証明され、その後の「教訓」として活かされたのである。

こうした事実を踏まえてイギリスのマウントバッテン卿は、「ディエップでの1名の犠牲者が、最終的にはノルマンディで10名を助けた」と述べたそうである。

軍事作戦を支える基盤

一方、第二次世界大戦のアジア太平洋方面での戦いでアメリカは、「海上補給部隊《フリート・トレイン》」と呼ばれる移動式のロジスティクス・システムを構築した。

とりわけ1944年のマーシャル諸島占領以降、同国の大規模な船舶建造計画にも助けられる形で、アメリカ軍の海上でのシステムは、ロジスティクス支援の主要な形態へと発展する。すなわち、油槽船、弾薬運搬船、修理用船舶、タグボート、病院船、補給船などを有する「海上補給部隊」の誕生である。

また、近年ではローロー船などに代表される海上事前集積艦（MPS）もロジスティクス問題を解決するための一つの手段であるが、これはシー・ベイシングといった概念とともに、専門家の注目を集める課題になっている。シー・ベイシングとは狭義の意味においては、遠征型戦争あるいは水陸両用戦争において任務部隊《タスクフォース》が、その作戦地点で陸上基地に依存することなく行動可能にするためのロジスティクス面の枠組みである。

水陸両用「撤退」とロジスティクス

また、前述の水陸両用「撤退」については、とりわけ近年、軍事力のあり方及び機能をめぐる問題と関連して多くの注目を集めているため、その要点を整理しておこう。ここでもやはり注目されているのが、軍隊のロジスティクス能力であるからである。

兵士や装備品を海上へと撤退あるいは撤収させる能力を有することは、陸上での作戦における敗北を決定的な破滅へと導かないためにも重要である。つまり、兵士や装備品が敵の手に渡ること、あるいはそれらを殲滅や破壊から救い出すために、水陸両用「撤退」は重要な役割を演じるのである。もちろん水陸両用「撤退」には、水陸両用「襲撃」の最終段階での事前に計画されたものもあれば、敵の攻撃の結果として予期しない状況から実施せざるを得ない場合もある。

前述のガリポリ上陸作戦において、北部の拠点であるスーヴラ、ANZACコーヴ及びヘレス岬からの撤退作戦では、1人の兵士も同地に取り残されることはなかったという。直接敵と接しているなかでの撤退、それも常に敵の監視下にあり、敵の火砲の射程圏内にあるなかで、ほとんど犠牲者を出すことなく、また多くの火砲及びその他の装備品を失うことなく、軍事力を撤退し得たことは大きな成果であるものの、もちろんそこには、常にイギリスが完全な制海権――少なくとも局地的な――を握っていた事実は重要である。実際、1940年のダンケルクからの撤退は、ほとんど準備期間がないなか、港湾施設のないなか、さらには制空権が確保されていない状況下での水陸両用「撤退」の難しさを明確に示している。

近年、水陸両用「撤退」は、民間人（非戦闘員）を撤退あるいは撤収させるためにその有用性を実証しており、例えば1995年のソマリアでは、国連平和維持軍を含めた多くの人々の救出に成功している。

おわりに――統合（協同）及び連合作戦に向けて

最後に、水陸両用作戦とはその定義において統合（協同）作戦、時として連合作戦となる。それゆえ、軍種の統合（協同）化は不可欠であり、同盟国との連合作戦への準備も必要とされる。そして、ここに再びロジスティクスの重要性が浮かび上がってくる。

その際、軍種及び兵科間での水陸両用作戦をめぐる用語及び概念の統一が早急に求められるとともに、可能であれば同盟国との平時からの調整も望ましい。

なぜなら、例えば教義（ドクトリン）を一言で表現すれば「共通の言語」となろうが、水陸両用作戦を成功させるためには、ロジスティクスの側面を含めた教義の存在が絶対不可欠になるからである。

第12講

「アメリカ流の戦争方法」とロジスティクス

「日本流の戦争方法」

この第12講（章）で「アメリカ流の戦争方法」とロジスティクスについて考える前に、最初に「○○流の戦争方法」という概念について簡単に解説しておこう。

例えば、筆者は「日本流の戦争方法（The Japanese Way in Warfare）」という概念を唱えている。「日本流の戦争方法」という概念は、今日に至るまで必ずしも市民権を得たとは言えない。

実はこれは、「イギリス流の戦争方法」という概念を援用したものであるが、かつて20世紀を代表するイギリスの戦略思想家バジル・ヘンリー・リデルハートは、イギリスが「イギリス流の戦争方法」と呼ばれる国家戦略を用いて大英帝国の維持及び運営を図ろうとしたと指摘した。また、後述するように今日までのアメリカは様々な批判を浴びながらも、その圧倒的な技術力と産業力、そして民主主義というイデオロギーを基盤とした「アメリカ流の戦争方法」を確立しつつあるとされる。

そうしたなか、今日の日本に検討が求められていることが、日本独自の世界観に立脚した「日本流の戦争方法」なるものを構築する、さらにはそこにロジスティクスを位置づけることであるというのが、この講の基本的立場である。

当然ながら、「日本流の戦争方法」とはあくまでも比喩的な表現にすぎず、断じて戦争を積極的に肯定する概念ではない。むしろ、その意味するところは、日本が置かれた地政学的条件や軍事力のあり方といった狭義の要件はもとより、歴史や文化を基礎として日本の戦争観や平和観に十分に目配りした日本独自の国家戦略思想である。

もちろん、これが直ちに日本が過去において独自の国家戦略を持ち得なかった事実を示唆するわけではない。筆者の立場は逆である。例えば第二次世界大戦後のいわゆる「吉田路線」に対しては、日本独自の国家戦略としてさらに高く評価されて然るべきであろう。

だが同時に、外交及び安全保障政策の大きな転換点を迎えたとされる今日、日本がもう少し積極的に国際秩序形成に参画すべきであるとの意味において、新たなる国家戦略思想である「日本流の戦争方法」の構築が必要とされているというのが筆者の真意である。そして、こうした「日本流の戦争方法」の下では、軍事力（防衛力）の基盤となるロジスティクスのあり方が大きく問われることになろう。

「戦争文化」

歴史を通じて独自の戦争方法について考えるにあたり、最初に確認すべき視点として、「戦争文化」（あるいは「戦略文化」）が挙げられる。つまり、軍事戦略の次元であれ国家戦略の次元であれ、戦略、さらには戦争そのものもその地域や国家に固有な文化によって大きく規定されている事実である。そして、ロジスティクスをめぐる考え方もその例外ではない。

確かに、文化という言葉が意味するところの曖昧性、さらには、いわゆる「文化決定論」という陥穽には十分に留意することが求められる。だがその一方で、たとえ曖昧で不可測なものであるにせよ、ある国家や地域には固有の文化が存在し、これがその国家や地域の戦争方法はもとより、広義の生活様式さえも規定しているのは、疑いようのない事実である。

イギリスの歴史家ジョン・キーガンが、プロイセン＝ドイツの戦略思想家カール・フォン・クラウゼヴィッツの戦争観を批判した際に文化的な要因の重要性を強調したのは、まさにこの理由による。この点に関する筆者の結論は、仮に明確な定義を提示できないにせよ、こうした概念は戦争や戦略を考えるための大きな枠組みを提供するものとして極めて有用であるというものである。

「ローマ流の戦争方法」

こうした事例として直ちに「ローマ流の戦争方法」が思い浮かぶであろうが、古代ローマ（帝国）の戦争文化は古代ギリシアの影響を強く受けているため、最初に古代ギリシアの戦争方法について概観しておこう。

古代ギリシアの戦争文化を形成するうえで最も大きな原動力となったのは、ホメロスの『イリアス』や『オデュッセイア』に代表される叙事詩の伝統であったとされる（なお、トロイ戦争【紀元前1700～1200年頃のどこか10年間】では、ギリシア連合軍の優れたロジスティクス能力が示された）。

こうした叙事詩のなかでは、戦争を通じて示される兵士の勇気は最も崇高な美徳であると考えられた。ギリシアの繁栄を支えた主たる軍事力は、高い規律を維持する密集した重装歩兵部隊「ファランクス」であったが、この「ファランクス」の戦いでは、軍規はもとより、個々の兵士が示す勇気や闘争精神といった要素こそが勝利を約束する要件であった。

そして、こうした古代ギリシアの伝統を継承したのが古代ローマ（帝国）であった。イタリアの政治哲学者ニコロ・マキャヴェリは、ローマ市民軍の軍規の厳格さと窮乏を耐え抜くために彼らが示した驚くべき献身性、軍事的栄光に対するローマ社会の強い衝動と渇望、そして、帝国主義的な征服を通じてのみ満たされ得るローマの領土獲得欲について、鋭く考察している。

周知のように、古代ローマの指導者は、戦場で自らの勇気を証明するか、あるいは司令官として戦果を挙げることを通じてのみ、政治的、社会的に昇進するために必要とされる栄光と名声を獲得することができた。当然ながら、対外政策を決定する立場にある指導者は、国家を常に戦争状態に置く傾向が強くなり、また、そうすることによって初めて、自らの勇気という美徳を示す機会を得ることができたのである。

事実、三次にわたるカルタゴとのポエニ戦争（紀元前264〜146年）において、軍規、名誉、献身性などを特徴とする古代ローマの戦争文化が、同国の勝利のために重要な役割を果たした。

第二次ポエニ戦争で活躍したのがアルプス越えで知られるハンニバルであるが、彼の戦いはロジスティクスをめぐるものであったとしても過言でない。逆に、迎え撃つローマも多くの失敗を重ねた後、「ファビウス戦術」として知られる持久戦争に徹し、最終的な勝利を収めたが、これはハンニバル軍の物資の欠乏を辛抱強く待つといった作戦であった。

また、ローマで実践された「一〇分の一処刑」という刑罰ほど、残忍さと復讐心の強さに象徴される「ローマ流の戦争方法」の特異性を示す事例はないであろう。すなわち、戦場で不名誉な敗北を喫した部隊に対して指導者から「一〇分の一処刑」の命令が下ると、ローマ軍の司令官は、部隊全体から10人に1人の割合で「くじ引き」で犠牲者を抽出して処刑を実施したのである。さらに残忍なことには、実際にこの処刑を執行したのは抽選で外れた同じ部隊の兵士であったという。

だが、このような社会制度を用いながらも古代ローマは、市民兵を基礎とする強大な戦士国家の構築に成功した。いったん、戦争に参加すれば、ローマの兵士は最後まで戦い抜くことが求められた。その結果、ローマはいかなる負担をも耐え忍び、いかなる犠牲を払うことも厭わない真の戦士国家へと発展したのである。

ローマの技術力とロジスティクス能力

同時に、こうしたローマの慣習《エートス》は、優れた技術力とロジスティクス能力に支えられていた。

今日まで残る様々な建造物の基礎となったローマ・コンクリート（コロッセオやパンテオン神殿）、地形を巧みに利用した建築工学（その代表例が水道橋であるが、水の供給は人々の生活や戦いに不可欠）、そして当時の最先端技術を駆使した道路網（ローマ街道）の整備である。

言うまでもなく、舗装されたローマ街道は、大規模な軍隊や大量の軍事物資を戦場まで移送するための重要な手段であったのである。

「ビザンツ流の戦争方法」

こうした「ローマ流の戦争方法」とは対極に位置し、リデルハートが同時代のイギリスの国家戦略への類比としてしばしば参考にしたのが、「ビザンツ流の戦争方法」という概念であった。

古代ローマ帝国が395年に東西に分裂した後、東ローマ帝国（ビザンツ帝国）の生き残りを賭けたこの「戦い方」の最も顕著な特徴は、現状維持国としてあくまでも防勢に徹するとの基本方針であった。

そこでは、仮に他に適切な手段が存在するのであれば、可能な限り戦争を回避するとともに、いったん、戦争が勃発すれば、最小限の兵力及び資源で戦争の勝利を得ることこそ理想的な戦い方であるとされた。当然ながら、正義や道徳といった抽象的な価値の名の下で戦争を遂行することなど、絶対に許されない「贅沢」であった。

２００９年に出版された『ビザンツ帝国の大戦略』、さらには自らの論考「大戦略を考える――ビザンツ帝国を中心に」でアメリカの国際政治学者エドワード・ルトワックは、たとえ同時代の人々が明確に認識していなかったとしても、すべての国家には大戦略――国家戦略――が存在すると主張した。そして、明示的に語られることはなかったにせよ、疑いなくビザンツ帝国にはある種の大戦略が存在しており、ルトワックはそれを「オペレーショナル・コード」と呼ぶ。彼によれば、ビザンツ帝国の「オペレーショナル・コード」は以下のようにまとめられる。

1．すべての考え得る状況において、可能な限りの方策を用いて戦争を回避する。しかし常に、いつ何時《なんどき》戦争が開始してもよいように行動する
2．敵とその考え方に関する情報を集め、継続的に敵の動きを監視する
3．攻勢と防勢の双方で精力的に軍事行動を実施するが、多くの場合は小規模な部隊で攻撃し、総攻撃よりも斥候、襲撃、及び小規模な戦闘に重点を置く

4. 消耗戦争は「非戦闘（nonbattle）」の機動に置き換える

5. 全般的な勢力均衡を変えるために同盟国を求め、戦争を首尾よく終結できるよう目指す

6. 敵の政府の転覆は、勝利への最善の道である

7. 外交や政府の転覆が十分でなく、戦争を行わなければならない場合、戦争は、敵の最も顕著な強みを引き出させず、敵の弱みを突いた「相関的［合理的］（relational）」な作戦と戦術を用いるべきである

以上から、ビザンツ帝国のインテリジェンス（情報）重視とロジスティクス重視をうかがい知ることができよう。なお、ビザンツ帝国に限らず、広大な「帝国」を維持するためのインテリジェンスとロジスティクスの重視は、いつの時代にも共通する特徴である。そして、こうした戦争方法を用いることでビザンツ帝国は、西ローマ帝国が476年に崩壊した後も約1000年もの間（ビザンツ帝国の終焉は1453年）、その繁栄を享受できたのである。

「イギリス流の戦争方法」

こうした「ビザンツ流の戦争方法」を参考としながら、やはり現状維持国たるイギリスの国家戦略のあるべき姿を強く唱えたのがリデルハートである。

リデルハートによれば、伝統的にイギリスはヨーロッパ大陸での敵国を無力化するため、大規模な陸軍力派遣の代替策として海軍力を中核とする経済封鎖に依存したのであり、また、この戦略がイギリスに成功と繁栄をもたらした。

つまりリデルハートが主唱する「イギリス流の戦争方法」とは、本質的にはイギリスが誇る海軍力をもって適用される経済的圧力のことであり、この戦争方法の究極目的は、ヨーロッパ大陸での敵の国民生活に対して経済的困難を強要することにより、その戦意及び士気の喪失を図るというものである。

さらには、海軍力を用いることで敵国本土とその植民地の間の交易を妨害し、また、小規模な水陸両用作戦によって植民地そのものを奪取することにより、敵の戦争資源の枯渇を図ると同時に自らの資源確保にもつなげるというものであった。

第一次世界大戦の悲惨な状況を受けてリデルハートは、イギリスは今後ヨーロッパ大陸では大国間の勢力均衡に多少の影響力を行使しつつも、基本的には不関与——あるいは限定的関与——政策に留まるべきであり、その間にグローバルな次元での大英帝国の維持及び拡大を図るべきであると主張した。

また、仮に不幸にもヨーロッパ大陸において、第一次世界大戦に続いて再び大国間で戦火を交える事態が生起すれば、イギリスはその「伝統」に回帰し、主として海軍力（そして第一次世界大戦以降、新たに発展を遂げつつあった空軍力）と財政支援をもってヨーロッパ大陸の同盟諸国に対する責務を果たすべきであると唱えた。

こうしたリデルハートの戦略思想が、海洋国家としてのイギリスの文化を色濃く反映したものであることは、言うまでもない。

そしてこうした国家戦略を支えるために重視されたのが、やはりインテリジェンス（情報）とロジスティクスであった。イギリス本国と世界各地の植民地（自治領）をつなぐ通信及び輸送網の必要性が強く認識されていたからであり、大英帝国の覇権の基礎には世界中に張りめぐらされた「海底通信ケーブル」と港湾ネットワーク（「真珠の首飾り」）があったと言われる所以である。

これは、今日のアメリカ、さらには中国の地政学的思考にも共通する。

「アメリカ流の戦争方法」

伝統的にロジスティクスの重視を標榜するアメリカ軍の戦い方は、人的犠牲を最小限に留めるため――このためにも医療を含めたロジスティクスへの同国の資源投資は顕著である――に大量の物資を投入して戦争の勝利を追求するとの基本方針で一貫している。

事実、アメリカの歴史家ラッセル・ウェイグリーは、彼の古典的な名著『アメリカ流の戦争方法』で、こうした「アメリカ流の戦争方法」の基礎となるものの存在とその伝統の根強さを指摘したが、この点については国際政治学者サミュエル・ハンチントンも同様の見解であった。彼は以下のように述べている。

「アメリカの軍事エスタブリッシュメントは、同国の地理、文化、社会、経済、そして歴史の所産であり、それらを反映したものである。……（中略）……アメリカ国民をドイツ人、イスラエル人、さらにはイギリス人のようなやり方で戦争を戦うよう教育できるとのロマンチックな幻想によって足元をすくわれてはならない。そうした幻想は反歴史的であるばかりか、非科学的である」（Samuel P. Huntington, *American Military Strategy*, Policy

Paper 28〈Berkeley: Institute of International Studies, University of California, Berkeley, 1986〉, p. 33)

また、ハンチントンによれば、「端的に言ってアメリカの戦略は、政治的にも軍事的にも同国の歴史や組織に比例したものでなければならない。それらは、国家の必要性に応じたものばかりではなく、アメリカという国家の強さや弱さを反映したものである。この両者を認識することから、真の意味での理解が始まるのである」。

例えば、アメリカの空軍力重視志向は、アメリカ国民の科学技術至上主義という文化の反映である。実際、空軍力の運用を中核とするアメリカの国家戦略と軍事戦略は、今日まで1世紀以上にわたって同国が採用し続ける基本方針であり、航空機が数多く戦場に登場し始めた第一次世界大戦以降、同国が関与した戦争や紛争にはいずれも、空軍力の優勢が重視され、かつ、それが実践されてきた事実が顕著にうかがわれる。

もちろん、こうした志向には常備軍に対するアメリカ国民の一般的な認識、とりわけ常備陸軍力に対する国民の忌避――今日では考えられないが――が色濃く反映されている。

さらにアメリカは、これを効果的に運用することによって人的被害を極小化できるとともに、短期間の戦いの可能性が高まり、敵の政治及び軍事中枢を大規模かつ精確に破壊できると期待しているため、とりわけ空軍力を重視する。

　こうして、アメリカの文化を基礎とした空軍力を自らの軍事力の中核に据える「アメリカ流の戦争方法」が確立されてきたのである。

　もとより、「アメリカ流の戦争方法」とはこうした空軍力重視だけに留まる概念ではない。実際、アメリカの国際政治学者エリオット・コーエンは、「アメリカ流の戦争方法」の際立った特徴として次の8つを挙げている。

　すなわち、①歴史に対する無関心、②技術開発の様式と技術志向的な問題解決、③忍耐力の欠如、④文化的差異に対する無理解、⑤大陸国家的な世界観と海洋国家としての位置づけ、⑥戦略に対する無関心、⑦遅れがちではあるが大規模な軍事力の行使、⑧政治の忌避、である（エリオット・A・コーエン「無知の戦略？――アメリカ、1920～1945年」（塚本勝也訳）、ウィリアムソン・マーレー、マクレガー・ノックス、アルヴィン・バーンスタイン編著『戦略の形成』中公文庫、2019年、下巻）。

　一方、イギリスの国際政治学者コリン・グレイは、「アメリカ流の戦争方法」には次のような12個の特徴が認められると指摘する。

　それらは、①非政治的、②非戦略的、③反歴史的、④問題解決型あるいは楽観的、⑤文化的に無知、⑥技術に依存、⑦火力の集中、⑧大規模、⑨極めて通常型、⑩忍耐不足、⑪

ロジスティクスの分野では優秀、⑫犠牲者に敏感、である（Colin S. Gray, "The American Way of War: Critique and Implications," in Anthony D. Mc Ivor, ed., *Rethinking the Principles of War*〈Annapolis, MD: Naval Institute Press, 2005〉、コリン・S・グレイ「核時代の戦略――アメリカ、1945～1991年」（大槻佑子訳）、『戦略の形成』下巻）。

　興味深いことに、こうした議論に共通する点は、伝統的なアメリカのロジスティクス重視政策である（傍線を参照）。

第二次世界大戦（太平洋戦争）におけるアメリカ軍のロジスティクス

　例えば、第二次世界大戦における太平洋方面での戦いでアメリカ軍は、「海上補給部隊《フリート・トレイン》」と呼ばれる移動式のロジスティクス・システムを構築した。

　とりわけ1944年のマーシャル諸島占領以降、アメリカの大規模な船舶建造計画にも助けられる形で、アメリカ軍の海上でのシステムは、ロジスティクス支援の主要な形態へと発展する。すなわち、油槽船、弾薬運搬船、修理用船舶、タグボート、病院船、補給船などを有する「海上補給部隊」の構築であり、同国はロジスティクスの側面でも日本を圧倒したのである。

第二次世界大戦に代表される総力戦時代の戦いでは、とりわけ大量の物資を用いた「累積的効果」が大きくものを言うのである。

湾岸戦争におけるアメリカ軍のロジスティクス

1990～91年の湾岸危機及び湾岸戦争でアメリカは、技術力を基礎として圧倒的な軍事的勝利を獲得したが、実は、この戦いでも同国のロジスティクス能力が果たした役割は大きい。

湾岸戦争で興味深い事実は、地上での戦いが約100時間で終結したのに対し、その前段階の配備に6カ月の時間があった事実に加え、後段階の撤退――「砂漠の送別」作戦――に10カ月を費やした点である。

前段階では、いわゆるパウエル・ドクトリンに従って、十分な時間をかけて武器弾薬、糧食などを中東地域に集積するなど、戦いに必要な準備を着実に整えた。また、後段階の「砂漠の送別」作戦では、兵士はもとより、兵器や機材を戦場となった砂漠地帯から飛行場や港湾に移動させ、それらを中東からアメリカ本国へと持ち帰ったのである（パゴニス『山・動く』225～237頁）。

湾岸戦争でのこうしたロジスティクス担当者の活動を高く評価して、アメリカ議会報告書は次のように記している。「アメリカのロジスティクスは歴史的に見ても成功を収めた。戦闘部隊を、地球を半周して移動させ、世界規模の補給線《ライン》を構築し、前例がないほどの即時対応性を維持し得た担当者は称賛に値する」

海上での物資の事前集積

民間企業も軍隊も「ジャストインタイム」という発想は同じであるものの、仮に相違があるとすれば、軍隊には戦時あるいは緊急時の物資不足など絶対に許されないため、多少の備蓄が必要とされ、許される点であろう。

その象徴的な事例が、いわゆる「ローロー船」に代表されるMPS（海上事前集積部隊）である。湾岸戦争の準備段階では、インド洋のディエゴガルシア島などに停泊していた3隻の海上事前集積船が活躍した。

おわりに

この講（章）で紹介したアメリカの伝統的なロジスティクス重視政策であるが、はたしてこれが、そのまま日本に導入できるであろうか。日本には人命最優先の思考や科学技術至上主義との親和性がアメリカと同様、強く認められるであろうか。

そもそも、「後方」と呼ばれあまり注目されることのないロジスティクスの領域に、今後、どの程度の資源や要員を充てることができるであろうか。

改めて確認するが、ロジスティクスは戦いの基盤、軍隊の「ライフライン」なのである。

第13講

ウクライナ戦争緒戦のロシア軍のロジスティクス

【注】本講（章）は、防衛研究所で実施された各種の座談会のためのメモ、あるいは備忘録として、2022年8月初旬に準備したものである。そのため、今から振り返るとその内容には既に陳腐化したものや、間違っていたものも含まれているが、ウクライナ戦争はロジスティクスをめぐる問題を考えるためには極めて有益な事例であるため、語句の修正など一部を除き、あえてそのままの形で掲載する。

2022年2月に勃発したウクライナ戦争に限ったことではないが、国家のロジスティクスの態勢については一種の秘密事項に当たるため、情報が公開されることはあまりないものの、従来の軍事力の編制やその教義《ドクトリン》などを参照することによって、さらに今日では軍事衛星からの画像などにより、ある程度は推測することが可能である。

そうしたなか、ロシア（陸）軍のロジスティクスの問題点がしばしば指摘されているが、はたしてこうした指摘あるいは批判は妥当なものなのであろうか。

本講では、この戦争の概要を記した後、第1に、ロシア（陸）軍が抱えた構造的な問題について考える。第2に、現実の戦いの様相を分析することで、ロシア軍のロジスティクスが抱えた問題について考えてみたい。

第3に、これまであまり論じられることはなかったものの、ウクライナ軍が用いている戦い方がロシア軍に過重な負荷を強いている事実を見落としてはならない。第4に、アメリカの国際政治学者エドワード・ルトワックの議論を手掛かりとして、現在の両国軍のいわゆる膠着状態、とりわけロシア軍には当面、大規模な作戦を実施することが困難である状況を踏まえて、今こそが停戦に向けて交渉を始める機会《チャンス》であることを示したい。

1. ウクライナ戦争の概要

兵站支援限界の典型例

ウクライナ戦争は、ロシア（陸）軍のロジスティクスの限界――「兵站支援限界」――を見事なまでに示す事例となっている。

現在、ロシア軍のロジスティクスをめぐる混乱は深刻である。第1に、数十キロメートルにわたって車列が渋滞する姿が衛星画像で映し出されている。これは、戦時における部隊の行動とはとても思えず、ただ敵の反撃を待っているかのようである。そして実際、第

2に、路上で身動きが取れない車列が、ドローン（無人航空機）や火砲によって攻撃にさらされる様子が報道されている。

前述したように、ウクライナ戦争の勃発前、地図や衛星から得られる画像などを手掛かりにすれば、ロシア軍の行動とそれに随行する「尾《テイル》」――ロジスティクスの線《ライン》――は、ある程度は予測が可能であった。実際、総じてウクライナ領内の道路は狭く、また、ロシア軍は開戦当初からロジスティクス担当部隊を防護する兵力不足に悩まされていたため、大きな困難に直面することは十分に予測できた。事実、戦闘部隊はもとより、ロジスティクス担当を含めた後方支援部隊は、開戦当初からこうしたリスクを抱えていたのである。

また、同じく報道によれば、衛星画像などから予想を上回る数のロシア軍の故障車両――破壊された車両ではない――が認められるが、確かにこれは、一般兵士の士気の低さの表れであるとも評価が可能である。

ロシア軍は、例えば寒冷地用の軍服など、必要物資の不足に悩まされている。医療（衛生）態勢の不備も指摘されている。短期間の戦いを想定していたため、こうしたものを準備していなかったのである。さらに報道によれば、精密誘導兵器など最新鋭の兵器も極端に不足しているという。ただし、通常型の兵器及びその弾薬に関しては、相当の備蓄があると推測され、必要であればそれらの量産も可能であろう。

ハイマースはゲームチェンジャーなどではない

実は、この戦争をロジスティクスの観点から眺めれば、どうやら「鉄道分岐点《ジャンクション》」を中心に戦いが展開されているようである。そしてこれは、ロジスティクスを鉄道に頼るロシア軍、反撃するために必要な物資の多くを同じく鉄道に依存しているウクライナ軍の双方にとって、必要不可欠な目標なのである。

今日、アメリカを中核とする西側諸国からウクライナに対して軍事物資の支援が表明されている。アメリカ軍から供与される予定の高機動ロケット砲システム「ハイマース」は、ロジスティクスの観点からすれば極めて重要な価値を有するが、これを「ゲームチェンジャー」などと言うのは過大な評価である。

人々の一般的な認識とは異なり、技術が戦争で決定的な役割を果たすことはあまりなく、また、一つの兵器（システム）が戦いの帰趨に決定的なまでの影響を及ぼすことなど稀である。

もちろん、ある程度の効果は十分に期待できる。第1に「ハイマース」は、ロシア軍のロジスティクス拠点を攻撃し、その分散を強いることになるであろう。これまで同国軍は、ほぼ無防備で後方地域に大規模なロジスティクス拠点を設置することが可能であったが、今後はそれが許されなくなる。第2に、「ハイマース」で橋梁や道路などを攻撃することで、ロシア軍の交通線、ロジスティクスの線《ライン》を切断することが予想される。

現在までのところ、供与される「ハイマース」は射程70~80キロメートルに制限されていると言われる。ただし、将来的には300キロメートルにまで延長されるとの報道もあり、仮にそうなれば、ロシア占領下のクリミア半島にあるロジスティクス拠点に対する攻撃が可能となる。

また、ロシア軍によるウクライナ侵攻直前、アメリカが各種の情報を事前に公表するとの政策を用いたことによって、今までのところ中国は、ロシアに対する実質的な軍事支援を行っていないようである。

一部に、ロシア軍がイラン製のドローン(無人航空機)を運用しているとの報道もあるが、はたしてこれが、西側諸国の厳しい経済封鎖の結果から生じた各種部品の不足によるものなのかは不明である。あるいは、既に保有していたドローンのほとんどを使ってしまったのかもしれない。そうであれば、ロシア国内の量産態勢が気になるところである。

2. ロシア（陸）軍が抱えた問題

ここでは、①冷戦期とは違って遠征型ではないロシア陸軍の編制、②その結果、国内ではロジスティクスの多くを鉄道が担い、燃料についてはパイプラインに依存している事実、③「大隊戦術群（BTG）」という組織の特性、④ロシア陸軍には装軌《キャタピラー》車両が多い事実、⑤ロシア陸軍のいわゆる「プッシュ型」のロジスティクス態勢、⑥開戦当初、とりわけ東部及び南部戦域で経験豊かな下士官が不足していた事実、⑦ロシア軍に固有の「戦争（軍事）文化」、⑧アメリカを中核とする西側諸国との比較、に焦点を絞って分析する。

遠征型ではなく鉄道への依存率が高い

第1に、今日のロシア陸軍は冷戦期のソ連陸軍とは違い、「遠征型」の軍隊ではない。「積極防御（active defense）」という言葉に代表されるように、同国軍は自国国境近くでの戦いを想定している。そうしたあまり遠方では戦わないとする前提の下での兵力編制の結果、ロシア陸軍は物資の移送に関して、国内では鉄道への依存度が高く、また、燃料輸送のパイプラインへの依存度も高いのである。

そこで第2に、ロシア陸軍の構造的な問題として、前述の鉄道への依存率が高い事実が挙げられる。もちろんこれがロシア国内に限られたことであれば大きな問題ではないが、同国の友好国とされるベラルーシ領内で鉄道に対する破壊工作《サボタージュ》が報告されていることに加え、ロシア軍が侵攻したウクライナ領内でも、鉄道及び道路の破壊が組織的に実施されている。また開戦当初、ロシア軍はロジスティクス拠点として想定していたウクライナ領内の飛行場の占領に失敗したため、鉄道及び車両輸送にさらに頼らざるを得なくなったのであろう。

そしてこうした状況下、ロシア軍にとって敵国であるウクライナ領内でロジスティクスの線《ライン》を確保し、これを維持することが困難であることは想像に難くない。

鉄道輸送はロシア陸軍のロジスティクス態勢のなかで重要な位置を占めている。実は近年のロシア陸軍の改革では、各種事態への機動的な対応を念頭に、「大隊戦術群（Battalion Tactical Group: BTG）」の整備が急速に進められた。こうした編制の下、自らが得意とする「機動打撃」を実施するためであろう。

だが、この戦闘において高い機動性を確保することをその最大の特徴とする「大隊戦術群」のロジスティクスは、鉄道での前送を前提としているため、随行するロジスティクス担当部隊は小規模に留まる。そして、こうしたロシア軍の改革に伴って規模が変化してきたのがいわゆる「鉄道部隊」であるが、2018年末の時点でその規模は、ロシア陸軍全体の約1割に相当する3万と推定されている。この数字を見ただけでも、圧倒的に不足している。

確認するが、ロシア陸軍のロジスティクスにおいて鉄道での輸送は中核的な位置を占め、それは現在の同国陸軍の主要な戦力の一部でもある。また、何よりもそれが「大隊戦術群」編制の前提となっている。

「大隊戦術群」編成と装軌車両依存

第3に、ロシア陸軍の「大隊戦術群」という独特の部隊編制が、今回のウクライナ戦争ではマイナスに作用しているように思われる。繰り返すが、「大隊戦術群」は機動性を重視する反面、ロジスティクス機能は小規模に留めている。この部隊全体の規模は700～900名程度と言われるが、そのなかでロジスティクス担当部隊を含めた各種の後方支援要員はわずか150名にすぎない。

第4に、「大隊戦術群」でも運用され、ロシア陸軍全体の主力とされる装軌《キャタピラー》車両は、燃料（ガソリン）の消費が大きいことで知られる。

ウクライナ戦争でロシア軍は、長期戦に対する準備がない状態で侵攻を開始した可能性が高く、その結果、開戦からわずか3日で燃料切れになった部隊が出てきたとされる。だが、それでもロシア軍は、戦車や各種の装甲装軌《キャタピラー》車両に頼った作戦を継続せざるを得ないのである。

「プッシュ型」ロジスティクス態勢と下士官不足

第五に、ロシア陸軍は、今でも伝統的な「プッシュ型」のロジスティクス態勢で戦っているが、この態勢の問題として、柔軟性に欠ける点が挙げられる。実際、アメリカを中核とする西側諸国の軍隊は、情報通信技術の発展に伴って「プル型」のロジスティクス態勢に移行しつつある。つまり、最前線の兵士が本当に必要とする物資をリアルタイムで前送すること、に重きが置かれているのであるが、ロシア軍は旧来の後方支援部隊の都合に重きを置いた態勢のままなのである。

理想的なロジスティクス態勢について西側諸国で一つの指標として挙げられていること

は、最前線の戦闘部隊が後方のロジスティクス拠点から300キロメートル程度離れると、十分な支援が得られないという点である。

その理由は単純かつ明白であり、ロジスティクスの線《ライン》が伸びれば伸びるほど、ロジスティクス担当部隊や医療（衛生）部隊などが最前線へと到達するまで、あるいは必要な物資を前送するまで、かなりの時間を要するからである。

実際、十分な支援を確実に実施するためには、最前線からロジスティクス拠点までの距離は、概ね100キロメートルが理想であるとされる。だが、現実の戦いでは、後方地域の大規模なロジスティクス拠点、中間に位置する中規模なロジスティクス拠点、そして最前線近くの小規模なロジスティクス拠点、の連結及び相互調整は想像以上に困難を伴うものであり、そうした実情は、W・G・パゴニス『山・動く』に詳しい。戦争には「摩擦」がつきものであるとの、プロイセン（ドイツ）の戦略思想家カール・フォン・クラウゼヴィッツの警句を想起してもらいたい。

第二次世界大戦、1944年6月のノルマンディ上陸作戦及びその後のヨーロッパ大陸での戦いにおける連合国軍の用意周到なロジスティクス態勢、そして、1991年の第一次湾岸戦争でのアメリカを中核とする多国籍軍の手厚いロジスティクス支援——パゴニスはその実質的な責任者——は、長い戦争の歴史のなかでの数少ない成功例であろう。

併せて、ロシア軍の中央集権型の指揮系統――より正確には、20世紀の総力戦の時代に主要諸国のいずれもが用いていたピラミッド型の指揮統制のやり方――も、今日求められている迅速な戦闘部隊及びロジスティクス担当部隊の行動とは相容れない。

第6に、ロシア軍での豊富な経験を有する軍人、特に下士官――最前線で部隊を直接指揮する鍵となる層――の不足が指摘されている。とりわけ東部及び南部戦域においてである。また、北部戦域のロシア軍兵士の多くはいわゆる徴兵であるため、その練度や士気は決して高くないようである。

ロシア固有の「戦争（軍事）文化」

第7に、いわゆる「戦争（軍事）文化」の違いも重要であろう。例えば、ロシア軍は自らの兵士をあたかも「消耗品」のように扱っている可能性が高い。兵士に対して水、糧食、医療、さらに必要に応じて各種の「娯楽」を十分に提供するとの意識に欠けているのである。

ただし、ロシア軍が自国兵士の遺体を本国に持ち帰っていないのは、ロジスティクスの制約から生じた物資及び人手不足によるものなのか、それとも、ロシア軍の従来のやり方――「戦争（軍事）文化」――なのか、については定かでない。

併せて、報道ではロシア軍による略奪行為の横行が伝えられているが、長い戦争の歴史を振り返れば、残念ながらこうした行為はいわば当たり前のように生起するものであり、必ずしもロシア軍の糧食不足を示唆するとは限らない。こうした行為を許容もしくは黙認するのは、ロシア軍の「戦争（軍事）文化」の一端である可能性は残る。

最後に、アメリカを中核とする西側諸国の軍隊と比べて、ロシア軍のロジスティクス担当部隊の規模が小さいことについては論を俟たない。とりわけアメリカ軍のロジスティクス重視は、「アメリカ流の戦争方法」の中核をなしており、他のいかなる諸国の追随を許さない。

軍隊の兵力構成において、ロシア軍の戦闘部隊とその直接の支援部隊、そして後方地域に位置するロジスティクス担当部隊の兵員数を比べると、その比率は前者が極めて大きい。逆に、アメリカ軍では後者の比率が圧倒的に高いのである。

3. ウクライナ戦争の様相

以下では、現在に至るまでの戦いから指摘できる、①ウクライナ領土の広大さ、②ロシア軍が当初、3正面（あるいは5正面）の作戦を実施したこと、③短期の「電撃戦」を想定していた事実、④ロジスティクス拠点と想定していたウクライナ領内飛行場の早期占領に失敗した事実、⑤ベラルーシ領内での各種の破壊工作《サボタージュ》、そしてウクライナ領内での鉄道及び幹線道路に対する破壊工作、⑥第一次世界大戦（1914〜18年）の緒戦におけるヨーロッパ西部戦線でのドイツ軍、第二次世界大戦（1939〜45年）ヨーロッパ東方戦線の独ソ戦と同様、ウクライナ戦争でも占領した地域を維持するためには大規模な兵力が必要とされる事実、について考えよう。

距離の圧政、無謀な多正面作戦、電撃戦の失敗

最初に、ウクライナの領土の広大さを考えただけでも、「距離の圧政（tyranny of

distance)」という戦争の歴史での教訓は、今日に至るまで妥当であるように思われる。例えば、ウクライナの首都キーウ（キエフ）から南部のオデーサ（オデッサ）までは直線距離で約570キロメートル、北東部のハルキウ（ハリコフ）まで約410キロメートル、激戦地となっているやはり南部のマリウポリまで約640キロメートルもあるのである。

第2に、無謀にもロシア軍は開戦当初、3個（ないし5個）という極めて広範な正面での攻勢を、わずか20万程度の兵力で、それも同時に実施したのである。

第3に、おそらくロシア軍は、当初想定していた短期間の「電撃戦」に失敗した結果、大量の物資を必要とする消耗戦争へと陥ってしまったのであろう。

これは、第一次世界大戦の緒戦、ヨーロッパ西部戦線でのドイツ軍、第二次世界大戦ヨーロッパ東方戦線でのドイツ軍、さらには同大戦［太平洋戦争（1941～45年）］での日本、がいずれも陥った「罠」である。つまり、開戦当初の短期かつ決定的な勝利が得られなかった場合、その後は敵が想定する長期の消耗戦争へと引きずり込まれてしまうのである。

飛行場早期占領の失敗

繰り返すが、当初、ロシア軍は首都キーウ近郊の飛行場の確保に失敗した。同国軍の空挺部隊は、開戦と同時に飛行場――ホストーメリ（アントノフ）空港――に戦闘ヘリコプターで、またその直後には侵攻した陸上部隊を用いて攻撃したものの、ウクライナ軍に撃退された。そのためロシア軍は、兵員、装備、物資の補給などに必要とされるロジスティクス拠点、さらに空路によるロジスティクス支援という重要な手段を確保することに失敗したのである。

そのためロシア軍は、補給物資のほとんどを主として陸路で移送することを余儀なくされ、その結果としてトラックなど車列の渋滞が発生、これをウクライナ軍から攻撃されるなど、身動きが取れない様相を呈している。

ただし、ロシア軍は主として南部戦域ではほぼ無傷の鉄道、そして海上優勢を確保している海路を使った補給が可能であるため、物資の移送にかかわるロジスティクス面での制約はあまり報告されていない。

確認するが、ロシア軍は局地的な制空権もしくは航空優勢の確保ができておらず、飛行場を拠点とした物資の補給も実施できていない。さらにロシア軍は当初、ウクライナに対して多正面から同時に攻勢を実施したが、ウクライナ領土の広大さ、及びその国境線の長大さを考えると、兵力的には明らかに不足している。

こうした状況を受けてロシア軍は、当面は現地での「徴発」へと計画を変更したようであるが、当然ながらこれは現地住民の強い抵抗に遭遇し、期待通りには物資の確保ができていないのが現状である。

ベラルーシ領内、ウクライナ領内でのインフラ破壊工作

次に、2022年2月24日、つまりウクライナ戦争の開戦当日、ベラルーシ国内の反体制派が鉄道会社に対してサイバー攻撃を実施、予約システムなどに障害が発生し、ベラルーシ国内でのロシア軍部隊の移送に影響を与えたとされる。また、ロシア軍の侵攻開始からほどなくしてウクライナ軍は、ロシアからウクライナへとつながる鉄道をすべて破壊したとされ、同国の鉄道関係者もこの事実を認めている。

実際、いわゆる北部戦域では、ロシア軍のロジスティクスの前提となっている鉄道が破壊され、車両輸送能力が不足した状況で長距離侵攻を実施した結果、戦闘が長期化し、侵

攻部隊固有の作戦持続性――「継戦能力」――が限界に達した。併せて、北部戦域の泥濘《ぬかるみ》が、不足する燃料の消費量をさらに増大させたため、燃料不足によって行動不能となった車両が発生、その多くが放置されたと思われる。
他方、今までのところ南部戦域の黒海及びアゾフ海では、ロシア海軍が海上優勢を確保しているため、同国は物資の海上輸送が可能な状況である。

占領地維持の「負のサイクル」

一般的に、敵国内の占領地域には、小規模で構わないので約50～60キロメートルごとにロジスティクス拠点を設ける必要があるとされる。敵の領土に侵攻しているため、当然、現地住民からの抵抗も強くなる。そのため、ロジスティクス担当部隊を防護するための兵力だけでも膨大となり、こうした兵力を維持するためにさらなる物資が必要とされる。まさに「負のサイクル」であり、ロシア軍の兵士及び物資不足は深刻なのである。

こうした「負のサイクル」は、1914年の第一次世界大戦初期、ヨーロッパ西部戦線でのドイツ軍による「シュリーフェン計画」に内在した欠陥からも実証されている。第二次世界大戦の北アフリカ戦線でドイツ軍が置かれた状況もまた、「負のサイクル」の一例であろう。物資を移送する車両のために、すべてのガソリン燃料のほぼ10%が使われたという。

ともあれ、こうした状況下でロシア軍の損耗率の高さが報告されているのであるが、おそらく見通し得る将来、同国軍は、大規模な攻勢作戦を実施することは不可能であろう。「継戦能力」が欠如しているからである。

そうであれば、おそらく両国軍ともにこのまま対峙した長期の膠着状態へと陥るであろう。ウクライナ軍についても、仮に西側諸国から十分な軍事支援を得られたとしても、支援で得た兵器などを最前線へと移送するには大きな困難を伴うはずである。その手段――ロジスティクスを成功裡に実施するためには手段が重要――がないからである。加えて、こうした新たな兵器などの訓練には、相当の時間を要すると思われる。

ここまでの結論として、①広域にわたる部隊の分散、②そもそも根本的な物資不足、③輸送距離の長大さ、などのマイナスの相乗効果として、今日、ロシア軍のロジスティクス担当部隊には多大な負荷が掛かるとともに、最前線に必要な物資が十分に届いていないのである。

4. ウクライナ軍の戦い方――市街戦という選択

次に、これまであまり論じられてこなかった点、すなわち、ウクライナ軍が用いている戦い方が、ロシア軍に過重な負荷を強いている事実を見落としてはならない。

単なる偶然であれ意図的であれ、ロシア軍の侵攻に対してウクライナ軍は市街戦《アーバン・ウォーフェア》を選択した。この戦い方は、一方で民間人の犠牲が多々生じるリスクを抱えているものの、マリウポリをめぐる攻防に代表されるようにウクライナ軍――準軍事組織を含めて――が主要都市の建物などに立てこもって戦いを続けた結果、ロシア軍はこれを包囲あるいは拘束するために大規模な兵力を必要とし、それら兵力を維持するためにさらに膨大な量の糧食及び水、そして武器弾薬が必要とされている。前述した「負のサイクル」である。

ただし、やはり前述したように都市部でのロシア軍による略奪行為の報告、さらには戦死した自国軍兵士を現地で簡易的に埋葬している事実は、これらが直ちに同国軍の物資の欠乏を示唆するわけではない。これは、ロシア軍のやり方あるいは「戦争（軍事）文化」に帰する事象である可能性がある。

だが、いずれにせよウクライナ軍が都市部で頑強に抵抗していることが、ロシア軍の全般的な物資不足につながっている事実は否定できない。市街戦に直面し、ロシア軍には都市部での抵抗を無視して通り過ぎることは許されず、これに対抗する兵力のために必要とされる「余分な」物資は膨大な量に上っている。

こうした事実から、自国内は言うまでもなく、敵領土でロジスティクスの線《ライン》を安全に維持することの困難性が明確にうかがわれる。一部では第二次世界大戦の「独ソ戦」の再来が報じられているが、仮に同大戦のヨーロッパ東方戦線での戦いとの類比《アナロジー》を考えるのであれば、それは、戦車戦ではなく（21世紀の今日、当時の大規模な戦車戦などまったく想定できない）、ロジスティクスをめぐる戦いである。

実際、独ソ戦では敵領土内でドイツ軍のロジスティクスの線《ライン》が伸び切り、その線《ライン》を含めた後方地域が意図的に狙われたのである。これは、一般に「パルチザンの戦い」として知られるが、ロジスティクスの線《ライン》の「過剰拡大《オーバーストレッチ》」とそれを狙った戦い方の典型的な事例である。

5.「平和のためには戦争を」

現在、ロシア軍とウクライナ軍は膠着状態に陥り、双方ともに消耗し尽くした状況でもある。そのため、エドワード・ルトワックの戦争と平和をめぐる挑発的とも思える提言、すなわち「戦争に機会を与えよ（give war a chance）」あるいは「平和のためには戦争を（make war to make peace）」に改めて注目する必要があろう。

ルトワックの提言を簡単に説明すれば、もし真の意味での平和を実現したいのであれば、どちらか一方が他方を軍事的に圧倒するか、双方ともに消耗し尽くし第三者に何らかの介入を求めるまで辛抱強く待つ、の2つの選択肢しかないというものである。その意味で、今日の双方の膠着状態は、和平交渉に向けての大きな契機、機会《チャンス》になると期待される。

こうして今日、ウクライナ戦争の「出口戦略」について本格的な議論が始まった。だが、もちろん状況は楽観を許さないようにも思われる。

例えば、アメリカがウクライナを軍事支援する限り（この政策自体はまったく間違っていない）、ルトワックが想定する機会《チャンス》は望めない。当然ながら、ウクライナは今回の侵攻での領土の回復を目的として、さらには2014年に不法に占領されたクリミア半島などの奪還を求めて、戦いを継続するであろう。他方、ロシアもウラジミール・プーチン大統領が自ら戦いの終結を決断しない限り、この戦争は両者の攻防を繰り返しながら、長期にわたって継続されるように思われる。

さらにルトワックの提言にとって悪い状況がある。すなわち、停戦に向けての交渉、そしてその後の和平に向けての交渉には、「正直な仲介者」が必要とされるが、残念ながら今の国連にはその力が欠如しているように思われる。さらに、アメリカがウクライナを支援する限り――確認するが、この政策は間違っていない――、同国も「正直な仲介者」とはなり得ないのである。

そうしてみると、例えばトルコやサウジアラビアといった、双方の戦争当事国とある程度良好な関係を維持している諸国に期待するしかないが、あまり多くは望めそうにない。

おわりに

ウクライナ戦争でロシア軍が短期の「電撃戦」を想定していたことは疑いなく、長期の消耗戦争に備えたロジスティクス態勢はまったく準備されていなかった。

確認するが、鉄道に過度に依存したロシア軍のロジスティクス態勢には問題が山積である。ウクライナ領内では、同国軍が当初、鉄道、道路、橋梁など各種の交通インフラを自ら破壊した結果、ロシア軍は車両輸送を余儀なくされたが、そもそもウクライナの広大な領土に対応可能なロジスティクス態勢の構築など不可能に近い。

ロシア軍は、事前にサイバー攻撃あるいは「電子戦」を実施することで、短期間で勝利が可能であると楽観していたに違いない。その意味では、2014年の成功体験――クリミア半島の占領など――が、今回は裏目に出たのであろう。

第14講

軍事ロジスティクスの将来を考える

マーチン・ファン・クレフェルトの主著『増補新版　補給戦』はその原題が示すように、"supplying war"をめぐる分析であり、そこでは、今日一般に理解されているロジスティクスの定義よりやや狭い範囲で考察がなされている。

狭義のロジスティクスとはシステムとしての物資の「流れ《フロー》」の管理であり、その語源はフランス語の「宿営」を意味する言葉であったとされる。だがその後、この言葉の近代的な概念を確立したフランスの戦略思想家アントワーヌ・アンリ・ジョミニは『戦争概論』で、ロジスティクスとはあらゆる可能な軍事知識を応用する科学以外の何ものでもないと、その意味するところの広範さについて言及している。

この講（章）では、広義の「ロジスティクス」という言葉とクレフェルトが用いた「補給」、さらには「兵站」や「後方」という言葉の定義をあえて明確に分けていない点、併せてその主たる考察対象を物資の「流れ」——物流——としている点を断ったうえで、その将来について考えてみたい。

指揮官の最も重要な能力とは

仮にロジスティクスが機能不全に陥れば、いかに世界最強のアメリカ軍や多国籍軍（有志連合軍）といえどもほとんど戦えない。

興味深いことに、古代ギリシアの哲学者ソクラテスは「戦いにおける指揮官の能力を示すものとして戦術が占める割合はわずかであり、第1にして最も重要な能力は部下の兵士たちに軍装備を揃え、糧食を与え続けられる点にある」（『ソクラテスの思い出』第3巻第1章）と述べ、17世紀フランスの宰相アルマン・ジャン・デュ・プレシー・リシュリューは、敵の奮戦よりも物資の欠乏と規律の崩壊によって消滅した軍隊の方が多いことを歴史は示していると語ったとされる。

また、第二次世界大戦を振り返ってイギリスの将軍アーチボルド・ウェーヴェルは、戦争とはそのすべてが行政管理と輸送に懸かっている、補給と輸送の要素について真に理解することが指揮官のあらゆる計画の根底なのであろう、と回想したが、疑いなくこうした事実は今日の戦争にも当てはまる。

ロジスティクスの位置づけ

ロジスティクスの歴史を振り返ってみれば、例えば中世ヨーロッパの戦争では、基本的に侵攻した地域を「略奪」することによってのみ軍隊は維持され得た。

だが、略奪を基礎とする中世のロジスティクスのあり方は、19世紀の新たな戦争を賄うには問題が多すぎた。その結果、この時期には組織管理上の変化が見られたが、その最も重要なものが、ロジスティクスという業務が正式に軍隊の中に組み込まれたことであり、こうした変化をイギリスの歴史家マイケル・ハワードは『ヨーロッパ史における戦争』で、「管理革命」と表現した。

この時期、現地調達を徹底することによって戦いの規模と範囲を劇的に変えたナポレオン・ボナパルトの戦争でさえ、ロジスティクスをめぐる問題がその戦略を規定したのである。

もちろん同時に、戦争の歴史を大きく俯瞰すれば、クレフェルトが指摘するように17世紀のアルブレヒト・フォン・ヴァレンシュタインから20世紀初頭のアルフレート・フォン・シュリーフェンに至るまでの期間の戦いは、基本的には組織的な略奪の連続であったこともまた事実である。

しかし、こうした略奪の歴史が1914年の第一次世界大戦を契機として消滅したのは、戦争が突如として「人道的」なものに変化したからではない。戦場での物資の消費量が膨大になった結果、もはや軍隊がその所要を現地調達あるいは徴発することが不可能になったからである。

実際、クレフェルトは今日までのロジスティクスの歴史を考えるうえで最も注目すべき転換点として、ナポレオンに関係する1789年でもなく、鉄道の登場やヘルムート・フォン・モルトケ（大モルトケ）の活躍を伴った1859～71年でもなく、1914年を挙げている。

ロジスティクスの限界

ロジスティクスの定義及び歴史を踏まえながらその重要性を一言で表現すると、古代から今日に至るまで戦争の様相は「戦略」よりも「ロジスティクスの限界」――兵站支援限界――によって規定されてきたとなろう。つまり、ロジスティクスこそ戦争の様相、そして用いられる戦略を規定する大きな、時として最も大きな要因なのである。

よく考えてみれば、いつの時代も政治及び軍事指導者が、同時代の政治状況や軍事的制約の下、理想とされる数量及び種類の物資を用いて戦争を遂行することなど不可能であった事実は、歴史が証明しているように思われる。

だが、興味深いことに、戦略を策定する作業をあたかも真っ白なカンヴァスに絵を描くように捉える論者は多数存在する。

ビジネスの世界であれば経営者が大きな目標を定め、それに向かってトップダウンで戦略を下位の部署に流していくとの発想である。なるほどこれは外部から見て理解しやすく、格好の良いものである。しかしながら、たとえ戦略家が地図を拡げてどれほど壮大な構想を練ったとしても、それを支える基盤――ロジスティクス――がなければ、所詮は白昼夢にすぎない。つまり、カンヴァスの大きさを規定するのがロジスティクスなのである。

実際、歴史を振り返ってみれば、戦いの場所や時期、規模を少なからず規定してきたのはロジスティクスの限界あるいは制約であったことが理解できる。湾岸戦争やイラク戦争で、とりわけアメリカ軍はいとも簡単に最前線まで兵士や物資を移送させたように見えるが、それが可能であったのは同軍が中東地域へと至るロジスティクスの線《ライン》――例えばシーレーン――を確保し、それを維持し得たからである。

湾岸戦争で興味深い事実は、地上での戦いが約100時間で終結したのに対し、その前段階の兵力の展開に6カ月を要したのに加え、後段階の撤退――「砂漠の送別」作戦――に10カ月を費やした点である。そしてこの撤退作戦では、兵士はもとより、各種の装備品を戦場となった砂漠地帯から飛行場や港湾に移送し、それを中東地域からアメリカ本国へと持ち帰ったのである。

この戦争で現地のロジスティクスを統括したW・G・パゴニスは、以下のように回想している。すなわち、「この戦争は、戦場でというより後方の支援作戦本部において、ワシントンとリヤドでというより、主要補給ルートにおいて戦われた。何カ月にも及ぶ後方支援の準備が行われたからこそ、空中と地上での戦闘を100時間で終わらせることができたのだ。そして、戦争前から戦争期間中まで、何カ月もかけて計画を立てていたから、戦域からの撤退を成功裏に完了できたのである」（パゴニス『山・動く』236頁）。

もちろん、ロジスティクスの限界は時代とともに変化する。例えば、古戦場の位置を地図で確かめてみれば、ほとんどが河川や運河の近くである事実に直ちに気がつくであろう。大量の兵士や物資を移送するには昔は河川や運河に頼るしか方法がなかったからである。河川沿いにロジスティクスの拠点を設けて、そこから行動可能な範囲内で戦ったのである。

鉄道とコンテナと

ロジスティクスの観点から近代の戦争の様相を変えた大きな転換点は、疑いなく鉄道の登場であった。大量の兵士や物資を絶え間なく内陸部へと送り込め、しかも最前線で負傷した兵士を迅速に後送し治療を施すことが可能になった。その後のトラックの登場——自動車化——によっても、やはり戦争は変化した。そして、こうした軍事技術のイノベーションは今日も継続しており、戦争の様相を大きく変えつつある。

20世紀後半でその代表的な事例はコンテナである。コンテナ化、さらにはパレット化の結果、必要な物資の迅速かつ大量の移送が可能になった。「軍事ロジスティクスにおける革命」の一つと評価される所以である。

アメリカを中心として各国の軍隊でコンテナ――ISOコンテナ――が広く使用され始めたのは1980年代であり、前述の湾岸戦争では4万ものコンテナが用いられたという。だが、その半分は収納品を把握できず、現地で開梱し確認する作業が必要であった。その後のイラク戦争では、RFIDという電子タグの導入によってこの問題が解決された。

つまり今日では、コンテナそのものはもとより、そこに収納された個々の物資についてもその所在を正確かつリアルタイムで把握可能な態勢が整っている。ロジスティクスの「可視化」が実現したのである。なお、不定形の物資を移送する際はコンテナではなく、パレットを用いるのが一般的である。「箱」ではなく「板」に載せて移送するとの発想である。

さらに近年、AI(人工知能)などを用いたビジネスの世界での物流の無人化やロボット化が、軍事ロジスティクスの領域にも導入され始めている。

詳しくは後述するが、軍事ロジスティクスの歴史を俯瞰すると、それはあたかも社会の変化に伴って、略奪(現地調達もしくは徴発)――補給倉庫(事前集積)――自ら携行——相互支援（例えば、ＡＣＳＡ【物品役務相互提供協定】）のいわばループを回っているようにも思える。

「ロジスティクス４・０」

ビズネスの世界には「ロジスティクス４・０」という概念がある。これは、ＡＩ（人工知能）、ＩｏＴ、ロボティクスといった近年の新たな技術のイノベーションとそれらの応用が、物流のあり方を根本的に変えつつあることを示唆する。

実際、こうした技術の活用の結果、物流の「省人化」や「標準化」、さらには「装置産業化」が生じつつあるが、当然ながらこうした変化の要諦は、脱労働集約であり、人的資源に依存しない物流のあり方である。

「省人化」は、物流のそれぞれの部署においてヒトの操作や判断を必要とする業務が大きく減少することを意味する。ロボットやドローンなどの運用によって、業務の主体がヒトから機械やシステムへと置き換わるのである。また「標準化」は、物流に関連する様々な機能及び情報が一つにつながることで、移送手段やルートなどをより柔軟に組み換えることを可能とする。

民間企業には「マテハン」という言葉がある。これはマテリアルハンドリングの略語であり、その狙いは重い荷物を運ぶ単純かつ過酷な反復作業からヒトを解放し、より創造的な業務に取り組めるよう可能な限り機械化することとされる。これは、人材不足に悩む今日の軍隊（防衛省・自衛隊）にも大きな示唆を与えてくれる。例えば民間物流企業のドライバー不足は、輸送需要の増加に伴った一過性のものではなく、今後も続く社会的かつ構造的な問題であるが、軍隊もまた、同様の問題に直面しているからである。

運ぶ、荷役する、梱包する、手配する、といった物流の基本的業務が、ヒトの介在をほとんど必要としないインフラ的機能へと変化しているが、こうしたロジスティクスの「装置産業化」は、業務の労働集約型から資本集約型への転換を意味する。そのため、今後は自動運転トラックやロボット、マッチングシステムといった新たな可能性に積極的に投資する必要があろう。

例えば民間物流企業では、WMSという倉庫管理システムの導入によって、倉庫内の物資の数量を容易に把握することが可能になった。在庫管理台帳などもはや必要なく、さらには、これとほぼ同時期に導入が始まったPMSという輸配送管理システムによって、トラックの配車状況も管理することができるようになった。

WMSやPMSの運用が一般に始まったのは1980年代からであるが、こうしたシステムを用いることで、例えば悪天候で通常の移送ルートが使用できないと判断——ＡＩが予測——した場合、システム画面上に警報が表示され、輸配送時間の変更、迂回ルートの選定、異なる移送手段の選択などが迅速に調整され、物資の「定時到着性」が高まるとされる。

加えて、ドイツなどでは「サプライチェーン４・０」との新たな取り組みが展開されているが、これは最新の技術イノベーションを導入することで顧客《ユーザー》の情報及び動向をリアルタイムに把握し、サプライチェーン全体の最適化を図る試みである。例えば大手通販サイトのアマゾンは、顧客が注文した商品を30分以内に届けることを目標に、ドローン配送システムの実用化に向けた実験を重ねているとされるが、こうしたドローンの活用も、軍事ロジスティクスの領域で大きな可能性を秘めている。

可視化・無人化・軽装化

民間企業が先導する物流の過程《プロセス》を単純化すれば、「移送行程」と「保管及び積み換え行程」に区分できる。あるいは、「顧客配送用の拠点における出荷から顧客までの納品業務」と「工場倉庫から配送拠点までの在庫の補充業務」との区分も可能であろう。

そうしたなか、ＩＣＴ（情報通信技術）などの活用によってロジスティクスは、あらゆる機能及び情報を広く結合させる効果を生む。加えて、それぞれの部署及び個人の有する機能や情報が「可視化」され、他者と共用できるようになる。当然ながら、これによって移送のための最適なルートや手段などが得られ、効率的なロジスティクスが可能となるのである。

また、トラックの自動運転や隊列走行が本格化し、ロジスティクス拠点には最新の自動倉庫が登場した。ピッキングや荷役を実施するロボットや自律走行する無人搬送車（ＡＧＶ）は、その代表的な事例である。さらに従来のコンベアがＡＧＶに、自動走行クレーンがロボットに置き換わることで、これまでの固定的かつ重装備の自動化が、柔軟かつ軽装備の自動化へと変化しつつある。

プロセスとしてのロジスティクス

軍隊であれ民間企業であれ、ロジスティクスとは組織の物流部署だけに任せておくことは許されず、組織全体で対応すべき領域である。

実にロジスティクスは、装備品もしくは商品の企画段階に始まり、その廃棄に至るまでライフサイクル全般について顧客《ユーザー》を支援することに他ならないからである。つまり装備品の移送に留まることなく、顧客が継続的に使用可能なことを保証する必要がある。装備品の企画、設計、サービス、補修部品といった一連の業務は、決して独立したものでなく、相互に密接に関係しているのであり、ロジスティクスとはまさにプロセスである。

この講では深く立ち入らないものの、ロジスティクスについて真に理解しようとすれば、装備品の企画段階からその後の支援（サービス）や補修部品に至るまでのプロセス全般を視野に入れることが求められる。

例えば民間企業では、トラックに代表される自動車両について、実働率、実車率、積載率、という3つの指標で評価するのが常とされる。さらに、これを補修という観点から考えれば、「ターン・アラウンド」——軍事の領域では「再出撃性」——への視点が重要となる。「不可動時間《ダウンタイム》」を可能な限り低減することが求められるからである。

当然ながら、戦争の遂行にはいわゆる「シューター」の確保だけでは不十分であり、兵士や物資、情報などの「流れ《フロー》」を維持する必要がある。さらに、装備品もしくは商品の性能を最大限に発揮するためには教育及び訓練も不可欠であり、こうしてみると、ロジスティクスの意味するところをさらに広範に捉えることが求められる。

「ラストワンマイル」の効率化

民間企業であれ軍隊であれ、伝統的にロジスティクスにかかわる大きな課題の一つは、「ラストワンマイル」の移送であった。鉄道を用いても航空機を用いても、最前線までの「最後の行程」は、トラック、馬、最悪の場合はヒトに頼らざるを得ないとの事実は、歴史を通じてロジスティクス担当者を悩ませてきたのである。

だが今後、この「ラストワンマイル」は自動配達ロボットやドローンなどの運用によって、無人化が可能になるかもしれない。逆に言えば、いかにロジスティクス拠点の自動化が進展したとしても、「ラストワンマイル」の効率化が達成できなければ、ロジスティクス全体の課題であり続けてしまう。

民間企業では今日、この「ラストワンマイル」の移送にも特異な制約を考慮したアルゴリズムとＧＰＳ（全地球測位システム）データを解析及び学習するシステムを開発中であるとされるが、もちろんこうした試みは、軍事ロジスティクスの領域にも応用可能であろう。

AIやロボットの限界

言うまでもなく、AIやロボットに象徴される新たな技術イノベーションは万能でない。事実、AIの欠点として不測の事態への対応が挙げられる。地震に代表される自然災害、感染症、サイバー攻撃、そして紛争や戦争といった危機は必ずしも頻発するものではないため、蓄積されたデータが十分でないなかでの判断が求められるからである。加えて、物理的な被害によって機器やシステムそのものが作動しなくなる可能性もある。それゆえ、どうしても最後に頼るべきはヒトにならざるを得ず、あえて一部に従来のローテクの方策を残しておくことも重要となる。「軍事的有用性の逆説的論理」である。

軍事ロジスティクスの領域でも、平時の基本業務はAIやロボットなどに最大限委ねる一方、戦時や緊急時においては、ヒトが対応できるよう現場の属人的ノウハウを次世代に伝えておくことが重要とされる。また、必要に応じてヒトを中心とした業務に迅速に切り換え可能な態勢を維持することも求められよう。

結局のところ、AIやロボットなどが不得手な領域は引き続きヒトが実施するとの「協業」が成立すればよいのであろう。

部外委託と衛星の活用、そしてインテリジェンスと権限の委譲

イラク戦争では軍事ロジスティクスの部外委託《アウトソーシング》が大きく進んだとされる。その理由の一つは、大量の物資——とりわけ現地では調達できないハイテク装備品など——を遠く海外へと移送するノウハウに関して、民間企業の方が優れていたからである。

もちろん、軍事ロジスティクスの部外委託にも問題が指摘されている。例えば、部外委託の利点としてしばしば費用の削減が挙げられるものの、これが真実なのかについては慎重な分析が必要とされる。それ以上に、部外委託した民間企業は、基本的には軍隊の指揮系統から外れており、命令ではなく、契約に則って行動するのである。

湾岸戦争でアメリカ軍は、約2カ月間継続して戦えるための物資を事前に準備したが、イラク戦争では約1週間分の備蓄で攻撃を始めたとされる。そして、こうした状況を可能としたのが衛星もしくは軍事衛星を用いた通信ネットワークの発展であった。最前線の部隊とロジスティクス担当の部隊が衛星で結ばれれば、どの部隊がいかなる物資を必要としているかを容易に把握できるからである。

ビジネスの世界では物流を司る3つの要素として、所要情報の把握、物資の調達、物資

の移送、がしばしば挙げられ、そのなかでもインテリジェンス（情報）の重要性が強調されるが、これは軍事ロジスティクスの領域でも同じである。

実は、戦争においてロジスティクスとインテリジェンスは相互補完関係にある。また、主要諸国の参謀本部制度が確立される過程では、そのロジスティクス部署とインテリジェンス部署が、オペレーション（作戦）部署よりも重要とされた。さらに言えば、参謀本部制度とは元来、ロジスティクスに関する機能を強化する目的で生まれたものである。当然ながら、戦略、作戦あるいは戦術の策定とその実施を支える基盤が、ロジスティクスであり、インテリジェンスだからである。

ビジネスの世界で物流は、管理不能の領域であるとされる。だからこそ、そこでは必要な情報を事前かつ正確に入手することが重要となる。管理は、所要の想定から始まるのであり、ここにインテリジェンスの重要性がうかがわれるが、この事実はそのまま軍事の領域にも当てはまる。

また近年、軍事の領域では突発的なテロやゲリラ攻撃などに迅速に対応するため、現場あるいは最前線の部隊への権限委譲の必要性が改めて認識されており、軍事ロジスティクスの領域も例外ではない。

なるほど今日の軍隊は主としてＩＣＴ（情報通信技術）の発展の結果、最前線の状況が本国中央でもリアルタイムで把握できるようになった。それにもかかわらずアメリカ軍などは、一部に「任務戦術」の概念を採り入れて最前線の部隊への権限の委譲を進めているが、その狙いの一つはもちろんテロやゲリラ対応である。戦いが始まって、その度に中央に指示を求めていたら、対応が後手に回ってしまう。併せて、中央から最前線の状況がリアルタイムに見えるようになった結果、逆に現場の判断を尊重する必要性が改めて認識されたとも言える。

注目されるシー・ベイシング

ビジネスの世界で「ジャストインタイム」という発想が採用されてから久しいが、その核心は、「必要なものを、必要な時に、必要なだけ」であり、これは今日の軍事ロジスティクスの領域にも広く導入されている。

江畑謙介の著『軍事とロジスティクス』によれば、冷戦から湾岸戦争にかけての時期は「ジャストインケース」といった発想でロジスティクスが運用された結果、その副産物として大量の物資を集積する「アイアン・マウンテン」が随所で構築された。

実際、湾岸戦争では多国籍軍にせよイラク軍にせよ、基本的には従来のロジスティクスの方策――「ジャストインケース」――を用いており、戦いに先立って後方地域に膨大な物資を集積（そのために多国籍軍は6カ月を費やした）、部隊の進攻は後方に位置するロジスティクス担当の部隊が追い付ける距離までが限界で、そこに到達すると部隊はいったん停止し、最前線付近の新たな後方地域に物資の集積拠点を前進させ、それが完了して初めて次の攻撃を実施するとの伝統的な戦い方が展開されたのである。

だが、前述したように最前線とロジスティクス担当の部隊が通信ネットワークで結ばれ、さらにはＲＦＩＤタグが導入された結果、物資の流れをリアルタイムで把握することが可能になった。

また、民間企業も軍隊も「ジャストインタイム」の発想は同じであるものの、仮に相違があるとすれば、軍隊には戦時あるいは緊急時の物資不足など絶対に許されないため、多少の備蓄が必要とされ、許されるとの点であろう。その象徴的な事例が、いわゆる「ローロー船」に代表されるＭＰＳ（事前集積船）である。

さらに近年、軍事ロジスティクスの一つの可能性として、シー・ベイシングといった発想も注目されている。確かに、戦いのためのロジスティクス拠点を海上に設けることができれば、陸上に構築する場合と違って受け入れ国《ホスト》の承認が不必要なうえ、安全性も高まるとされる。また、すべての物資を揚陸する必要もない。「フットプリント」が小さくて済むのである。

発生する新たな課題

もちろん、今日までのこうした「軍事ロジスティクスにおける革命」は大きな問題を解決する一方で、新たな課題も多々生じさせた。

例えば、イラク戦争では部隊の進攻があまりにも早かったため、必要な物資を必要な時に必要な数量だけ提供するとの「ジャストインタイム」ですら、その欠点が表面化した。また、この戦争でアメリカ軍の犠牲者の3分の2以上がロジスティクス担当の部隊から出ており、ロジスティクスが軍隊の「アキレス腱」であるとの事実は、技術が大きく発展した今日でも変わらない。

さらに冷戦終結後、今日に至るまでの戦争は「テロとの戦い」の様相を呈しており、主権国家間の戦争を想定し構築された従来のロジスティクスの態勢が通用し難くなってきている。

実はこれは今日、各国の軍隊が抱えた大きな課題の一つである。従来の正規軍同士の戦争――国家間戦争――では、敵の位置が比較的特定しやすかったため、どこが戦場か、そのためにロジスティクスの線《ライン》をどう確保すべきか、などある程度は予測可能であった。ところが、テロやゲリラとの戦いでは戦場の位置すら不明確である。そのため、各国の軍隊は今日、必要な物資をできる限り自ら携行する方策（あるいは相互支援）に移行――回帰――しているようにも思える。

近代以前のあり方への回帰？

理論上、軍事ロジスティクスのあり方には、準備可能な範囲内で戦いを実施するという兵站支援限界で規制する方策と、戦いに必要なロジスティクスをどうにかして確保する作戦追随型の方策があるとされるが、歴史的には前者の事例が圧倒的に多く（旧日本陸海軍はその数少ない例外）、今日の日本の防衛省・自衛隊も基本的には前者である。だが今後は後者の方策も強く求められるであろう。

具体的には、部隊や基地の倉庫に物資を保管しておいて必要に応じそれを最前線に移送するといった従来の方策から、「後方地域」の民間企業から直接、最前線に物資を移送する方策への転換などが考えられる。さらに、既にコンビニなどで導入されているＰＯＳシステムに則った物資の管理により、部隊や兵士個人の糧食及び弾薬などの保有量が一定の水準まで低下すると、自動的に最適なロジスティクス拠点に移送の指示が下されるといった方策も導入されることになろう。ビジネスの世界での「オーダーレス」の発想を、軍事ロジスティクスに応用するのである。

加えて、民間航空機（一部で軍用機）などでは既に多々用いられているが、ビッグデータやIoT技術などを活用し部品の交換時期を事前に把握することで、経年劣化によるシステムダウンを未然に防止する態勢の構築を推進することも求められる。

先にも触れたように、国家の正規軍同士の戦争を想定した従来のロジスティクスのあり方は、今日、その有用性を徐々に失いつつあるように思われる。併せて、自己完結を旨とする従来のロジスティクスの態勢も、大きな見直しを迫られている。テロやゲリラとの戦いに象徴される「新しい戦争」の時代の要請に応じた、新たなロジスティクスのあり方が求められるが、やはりこれは一部に、近代以前のあり方への回帰なのかもしれない。

ロジスティクスのあり方のループ？

また、将来の戦争あるいは紛争は「ジャストインタイム」では対応し切れない可能性がある。例えば、周囲を敵対勢力——必ずしも国家の正規軍である必要はなく、テロリストやゲリラ部隊など――に囲まれた部隊もしくは基地に対するロジスティクスは、今日の軍隊が構築している高速かつ機動的な戦いを想定した下でのあり方とは大きく異なるものとなろう。そこには、「アイアン・マウンテン」へと回帰する可能性すらある。

そもそも戦争あるいは緊急時に際しては、物資が不足すれば兵士（自衛官）の生死に直接かかわるため、事前に集積しておくべき数量は常に大きくなる傾向にある。また、そのために必要な準備期間も長くなる。そうしたなか、多様な危機を想定し、あらかじめ物資を備蓄することが重要となるが、これには「ジャストインタイム」だけでは対応できないと思われる。

さらに、こうした危機が長引けば物資の追送が求められ、また、最前線――この言葉ももはや適切ではないが――の部隊が多正面に展開していれば、いかなる場所にいかなる物資を移送すべきかという問いに対して、迅速かつ的確な判断が下せない状況も起こり得る。こうした懸念に対しては、各種のシナリオ研究とそれを踏まえた教育と訓練の繰り返しにしか解決策が見出せない。

以上をまとめると、従来、自己完結を旨とした主権国家の軍隊が、今日の国家の枠組みを超えた紛争や活動――例えば非通常戦争（非対称戦争）や国連平和維持活動（ＰＫＯ）――にいかに対応できるか、また、ロジスティクス業務の多くを民間企業に委託せざるを得ない今日の社会状況に軍隊がいかに対応できるかが問われている。

さらには、事態対応型から事前対応型のロジスティクス態勢への移行も求められるであろう。テロやゲリラに象徴される非通常戦争が多発する今日、最前線と後方地域の境界(線)はますます曖昧になってきており、時としてこうした区分は無意味ですらある。

おわりに

何度か述べたように、ロジスティクスは決して「魅惑的《グラマラス》」な領域ではないが、戦争に勝利するためには不可欠な領域である。

この講(章)を締めくくるにあたってパゴニスの言葉を再び引用すれば、「ロジスティクスという言葉には、科学的だと思わせる響きがある。既に答えが分かっていて、方法論も確立しているように思わせる。どちらかというと人間という要素とは無縁の分野だという印象を与えるかもしれない。しかし、この技術の黄金時代にあっても、この世界、この国には、物を持ち上げたり運んだりする人がほかの業務分野よりもっと多くいるのだ」(パゴニス『山・動く』297~298頁)。結局のところ、ロジスティクスは優れてヒトをめぐる問題でもあるのである。

近年、食糧安全保障やエネルギー安全保障、さらには経済安全保障をめぐって活発な議論が展開されている。半導体の不足も大きな問題となった。だが、例えば船舶や航空機などの移送手段が使用できず、鉄道や道路に代表される交通ネットワークが遮断された場合、東京の食料自給率は1％に留まるという。

ここに、今日のグローバリゼーションという時代状況下でのサプライチェーンの確保をめぐる問題が出てくる。物資の流れ《フロー》は「経済の血脈」とされる。だからこそ、生産あるいは調達から小売り消費に至るまでのサプライチェーン全体を円滑に統合することが重要となる。確認するが、ロジスティクスとは人々の生活の基盤であり、インフラである。軍事ロジスティクスは、戦いの基盤である。

日本は今後、そもそも「後方」と表現されあまり注目されることのない軍事ロジスティクスの領域に、どれだけのヒトや資源を充てることができるのであろうか。

【主要参考文献】

・マーチン・ファン・クレフェルト（石津朋之監訳、佐藤佐三郎訳）『増補新版　補給戦——ヴァレンシュタインからパットンまでのロジスティクスの歴史』中央公論新社、２０２２年
・江畑謙介『軍事とロジスティクス』日経ＢＰ、２００８年
・マルク・レビンソン（村井章子訳）『コンテナ物語——世界を変えたのは「箱」の発明だった』日経ＢＰ、２００７年
・井上孝司『現代ミリタリー・ロジスティクス入門——軍事作戦を支える人・モノ・仕事』潮書房光人社、２０１２年
・谷光太郎（野中郁次郎解説）『ロジスティクス——戦史に学ぶ物流戦略』同文書院インターナショナル、１９９３年
・福山隆『兵站——重要なのに軽んじられる宿命』扶桑社、２０２０年
・ジョン・キーガン、リチャード・ホームズ、ジョン・ガウ（大木毅監訳）『戦いの世界史——一万年の軍人たち』原書房、２０１４年
・マイケル・ハワード（奥村房夫、奥村大作訳）『ヨーロッパ史における戦争』中央公論新社、２０１０年
・Ｗ・Ｇ・パゴニス（佐々淳行監修）『山・動く——湾岸戦争に学ぶ経営戦略』同文書院インターナショナル、１９９２年
・石津朋之『総力戦としての第二次世界大戦』中央公論新社、２０２０年
・アントワーヌ・アンリ・ジョミニ（佐藤徳三郎訳）『戦争概論』中央公論新社、２００１年

・湯浅和夫、内田明美子、芝田稔子『物流とロジスティクス――いちばん最初に読む本』アニモ出版、２０１９年
・角井亮一『アマゾンと物流大戦争』ＮＨＫ出版新書、２０１６年
・小野塚征志『日経文庫　ロジスティクス４・０』日本経済新聞出版、２０１９年
・角井亮一監修『物流革命２０２１』日経ＭＯＯＫ、２０２０年
・John A. Lynn, ed., *Feeding Mars: Logistics in Western Warfare from the Middle Ages to the Present* (Colorado: Westview Press, 1993)
・Jonathan Roth, *The Logistics of the Roman Army at War* (Leiden: Bill, 2012)
・Ian Speller, Christopher Tuck, *Amphibious Warfare: Strategy & Tactics from Gallipoli to Iraq* (London: Amber, 2001)

おわりに

報道によれば、日本の食料自給率はカロリーベースで38％（本書執筆時：以下も同じ）、2030年度までに45％にまで引き上げるのが目標という。また、この食料自給率を生産額ベースで見ても63％にすぎず、将来的には75％の目標を掲げている。

言うまでもなく、仮に海外などから食料の確保ができたとしても、これを輸送する手段がなければ、こうした数字はさらに低下する。例えば、地震など自然災害が起これば、港湾や飛行場、さらには道路や鉄道に代表される輸送インフラが遮断されるため、東京では、所要量の1％程度しか届かなくなるとの見積もりもある。

加えて、2022年に勃発したウクライナ戦争は、食糧問題やエネルギー問題が国家の安全保障に直結している事実を明白に示すものとなった。さらには半導体の不足が指摘され、サプライチェーンをめぐる問題が表面化し、経済安全保障という言葉も人々の注目を集めている。そして、こうした問題にはいずれも、ロジスティクスをめぐるリスクが潜在している。すなわち、必要な物資を安全に輸送できるか否かにかかわるリスクである。

歴史を振り返ってみれば、太平洋戦争（1941～45年）の初期段階で日本は、いわゆる南方資源地域の確保にはどうにか成功したものの、そこで得られた各種の資源を本国まで輸送する船舶の安全にまでは思いをめぐらせていなかったのである。実際、日本海軍が輸送船の護衛のために重い腰を上げたのは、戦争末期になってからである。アメリカはこの日本の脆弱点に注目し、潜水艦、水上艦艇、航空機などを用いて海上経済封鎖を実施、最終的には日本を飢餓状態へと追い込むことに成功した。

さらに今日、戦争は「最大の環境破壊」と言われる。地球温暖化――今日では地球の「沸騰化」とも表現される――に象徴される環境問題から目を逸らすことはもはや許されない。皮肉にも、戦争や軍事の領域でも環境への配慮が課題とされ、ロジスティクスの領域もその例外ではない。例えば、世界のカーボンニュートラル化に伴って、軍用であっても各種車両や航空機などが、いつまでもガソリン燃料に頼るわけにはいかないのである。

実際、ウクライナ戦争を契機とする小麦などの食料問題に加え、世界各地で報告された干ばつや異常気象などの結果、人々が日々必要とする食料ですら不足する可能性が高まっており、これがさらなる国際紛争の大きな火種になり得る。そしてここでも、誰が食料を確保し、誰がそれを自国まで輸送する手段を有しているかという、ロジスティクスの側面を含めたまさに資源獲得競争が始まっている。そうしてみると、一体「安全保障とは何か」について、改めて問い直す時が来ているのかもしれない。

もちろん、本書のいくつかの講（章）でも少し触れたように、「物流の2024年問題」に関連して軍事ロジスティクスの領域でも、長距離輸送の「モーダルシフト」、すなわち、鉄道や船舶のさらなる活用が模索されている。また、「ワンストップ」という概念に代表されるように、合理性と省エネルギーの双方の観点から、「結節点《ノード》」を可能な限り減らす試みも行われている。

こうしたなか、軍事ロジスティクスについて思いをめぐらせた本書が、日本の「物流の2024年問題」を解決するための手掛かりはもとより、グローバルな次元での物資の流れに対して、何らかの示唆を提供できればと期待している。

人口減少や少子高齢化が急速に進展する日本において、物流サービスに携わる人々は「エッセンシャル・ワーカー」と位置づけられているが、同様に、軍隊（自衛隊）においてロジスティクス担当者は、まさに軍隊の「エッセンシャル・ワーカー」なのであり、必要不可欠な人々なのである。

本書を刊行するにあたって、最初に株式会社メディア・ヴァーグの「Merkmal」編集長、國吉真樹氏に御礼を申し上げたい。実は、本書の論考の多くは、國吉氏の依頼を受けて以前にインターネット上で発表したものである。今回、本書への再掲載についてご快諾いただいた。

次に、リサーチ・アシスタントとして長年にわたって筆者の執筆活動を支えてくださった小柳文子さんにも感謝を申し上げたい。また、筆者は毎年数日間、長野県草津温泉で著作の執筆に集中する機会に恵まれているが、この度も「湯治の宿　山口荘」の女将さんや若旦那さんには、静かに思索する場を提供していただいた。篤く御礼申し上げたい。

なお、2023年8月1日、筆者の師であり、目標であり、親友でもあったウィリアムソン・マーレー博士（オハイオ州立大学名誉教授）が逝去された。奥様でやはり研究者のリー・マーレー博士からこの訃報が届いたとき、筆者はしばらくの間、仕事が何も手につかなかった。

ウィリアムソン・マーレー博士とは、筆者がオックスフォード大学大学院留学中に同地で開催された国際会議で初めてお目にかかって以来の親交である。25年あまりの期間であるが、その間、日本で開催される各種の国際会議や研究会に何度もお越しいただいた。その一つの成果物が、博士との共編著、Williamson Murray, Tomoyuki Ishizu, eds., *Conflicting Currents: Japan and the United States in the Pacific* (Santa Barbara: Praeger, 2009)（石津朋之、ウィリアムソン・マーレー編著『日米戦略思想史――日米関係の新しい視点』彩流社、2005年）である。

また、筆者はワシントンDC近郊の博士のご自宅に何度もお邪魔し、その度に心温まるおもてなしを受けた。夕食はいつも巨大なステーキか、巨大なロブスターか、のいずれかであった。加えて、ニューヨーク州北部、カナダとの国境付近にある博士の夏の別宅《コテージ》にも長期にわたって滞在させていただき、筆者が日本に帰国する際には、いつもお土産としてメイプルシロップを持たせてくれた。ゲティスバーグやアンティータムなど、アメリカ南北戦争の戦跡巡りにも何度もご一緒させていただいた。

この別宅に2人でこもり切りの作業をした成果が、前述の共編著であるが、実はもう1冊、最終的には日本側執筆者の内容及び英語の拙さが災いして「お蔵入り」となった幻の著作が、Williamson Murray, Tomoyuki Ishizu, eds., *Airpower and Security for the 21st Century* であった（日本語では、石津朋之、ウィリアムソン・マーレー共編著『21世紀のエア・パワー――日本の安全保障を考える』芙蓉書房出版、2006年として出版）。

マーレー博士からはここ10年ほど、毎年のように夏休みを利用して別宅を訪れるようお誘いを受けていたが、多忙を理由に、さらにはコロナ禍が重なったこともあり、お断わりしていた。今ではとても後悔している。それでも博士は、執筆された著書や論文を、それらが正式に出版される前にメールで送ってくださっていた。そして、こうした学問的刺激を受けたお陰で、筆者はこれまで戦争及び戦略研究に対する志を高く持ち続けることができたのである。マーレー博士には感謝の気持ちしかない。
最後になったが、遅れに遅れた筆者の原稿を辛抱強く待ってくださった、日経BPの堀口祐介氏に対しても感謝申し上げたい。堀口氏の温かい励ましの言葉がなければ、おそらく本書が完成することはなかったであろう。

2023年12月

石津 朋之

【著者略歴】
石津朋之（いしづ・ともゆき）

戦争歴史家。防衛省防衛研究所戦史研究センター主任研究官。前戦史研究センター長。防衛庁防衛研究所（当時）入所後、ロンドン大学キングス・カレッジ戦争研究学部名誉客員研究員、英国王立統合軍防衛安保問題研究所（RUSI）客員研究員、シンガポール国立大学客員教授を歴任。放送大学非常勤講師、早稲田大学オープンカレッジ講師。

著書に『ランド・パワー原論』（共編著、日本経済新聞出版、2024近刊）、『リデルハート——戦略家の生涯とリベラルな戦争観』（中公文庫、2020）、『戦争学原論』（筑摩書房、2013）、『大戦略の思想家たち』（日経ビジネス人文庫、2023）、『総力戦としての第二次世界大戦』（中央公論新社、2020）、『シリーズ 戦争学入門』（監修、創元社、2019～）など、訳書にガット『文明と戦争』（共訳）、クレフェルト『補給戦（増補新版）』（監訳）、『戦争の変遷』（監訳）、『戦争文化論』（監訳）、『新時代「戦争論」』（監訳）などがある。ほかに*Conflicting Currents : Japan and the United States in the Pacific*（Santa Barbara, CA: Praeger, 2009）、*Routledge Handbook of Air Power*（London: Routledge, 2018）などがある。

戦争とロジスティクス

2024年2月1日　1版1刷

著　　者　石津朋之 ©Tomoyuki Ishizu, 2024

発 行 者　國分正哉
発　　行　株式会社日経BP
　　　　　日本経済新聞出版
発　　売　株式会社日経BPマーケティング
　　　　　〒105-8308　東京都港区虎ノ門4-3-12

装　　丁　野網雄太
D　T　P　CAPS
印刷・製本　シナノ印刷

本書籍に関するお問い合わせ、ご連絡は下記にて承ります。
https://nkbp.jp/booksQA
Printed in Japan　ISBN978-4-296-11905-9